Altium Designer 深度学习之 PCB 设计

李 攀 张 静 李 杰 编著

东南大学出版社

SOUTHEAST UNIVERSITY PRESS

·南京·

图书在版编目(CIP)数据

Altium Designer 深度学习之 PCB 设计 / 李攀,张静,
李杰编著. —南京:东南大学出版社,2024.2
　ISBN　978-7-5766-1215-8

Ⅰ. ①A… Ⅱ. ①李… ②张… ③李… Ⅲ. ①印刷电
路-计算机辅助设计-应用软件 Ⅳ. ①TN410.2

中国国家版本馆 CIP 数据核字(2024)第 029259 号

责任编辑:史　静　　责任校对:子雪莲　　封面设计:毕　真　　责任印制:周荣虎

Altium Designer 深度学习之 PCB 设计
Altium Designer Shendu Xuexi Zhi PCB Sheji

编　　著	李　攀　张　静　李　杰
出版发行	东南大学出版社
出 版 人	白云飞
社　　址	南京市四牌楼 2 号(邮编:210096　电话:025-83793330)
网　　址	http://www.seupress.com
电子邮箱	press@seupress.com
经　　销	全国各地新华书店
印　　刷	苏州市古得堡数码印刷有限公司
开　　本	787mm×1092mm　1/16
印　　张	16.25
字　　数	372 千字
版　　次	2024 年 2 月第 1 版
印　　次	2024 年 2 月第 1 次印刷
书　　号	ISBN 978-7-5766-1215-8
定　　价	56.00 元

本社图书若有印装质量问题,请直接与营销部联系,电话:025-83791830。

前　　言

　　原理图绘制与 PCB 设计是职业院校电子信息类专业学生必备的技能,更是电子企业相关技术人员进行产品研发的必备技能之一。目前国内相关教材大多采用 Altium Designer 系列软件进行原理图绘制和 PCB 设计相关知识的介绍。随着集成电路设计、制造及封装技术的发展,表面贴装元器件(SMC/SMD)更趋微型化,在 PCB 设计中,除少数接插件和插装元器件外,SMC/SMD 广泛应用于典型 SMT 生产工艺中,如单面组装生产工艺、单面混装生产工艺、双面组装生产工艺、双面混装生产工艺,在极大地缩小 PCB 尺寸的同时,SMT 表面组装工艺对 PCB 设计也提出了更高的要求。

　　本书积极贯彻党的二十大精神,从学生实际出发,理论联系实际,通过项目案例详细介绍 Altium Designer 在集成元件库设计、原理图绘制、PCB 设计等方面的操作方法和技巧。从四位一体数码管元件原理图设计入手,通过简单原理图的绘制与 PCB 设计达到快速入门的目的,在此基础上就集成元件库设计、电路原理图设计和 PCB 设计等内容进行专项讲解与训练,最终通过典型综合案例,使学生从入门到专项学习再到综合提高,完成电子线路板设计全过程,每个项目包括 2~5 个任务,每个任务包括任务目标、任务内容、任务相关知识和任务实施四个部分。通过一个个操作项目全面培养学生的动手能力和严谨认真的职业精神。

　　本书内容以 Altium 公司的全球应用电子设计认证之 PCB 绘图工程师大纲知识点为主,注重教材的实用性和技术性。例如,在进行封装绘制讲解时,将元件资料如外形尺寸、引脚位置排列,以及焊盘大小设置与元件引脚信息间关系的讲解与说明作为重点;在介绍原理图和层次原理图绘制时,除基本绘制技能外,更注重讲解文件编译与查错纠错;对于 PCB 设计,强调布局布线规则及设置方法,并详细讲解 DRC 过程及修改方法;对于设计制造文件的输出,侧重于对文件归档的说明。此外,鉴于国际上通用的做法是将 PCB 文件转换为 Gerber 文件和钻孔数据后交 PCB 厂,因此对输出 GerberR 文件和钻孔文件的相关设置和方法也做了详细介绍。

　　本书由上海工程技术大学、上海市高级技工学校的李攀、张静、李杰老师编写。张静老师负责项目 1 和项目 2 内容的编写,李攀老师负责项目 3 和项目 4 内容的编写。李攀老师负责项目 1 和项目 2 的校对,张静老师负责项目 4 的校对,李杰老师负责项目 3 的校对。本书编写过程中,在资料收集和技术交流方面得到了学校和企业专家的大力支持,在此表示诚挚的感谢。

　　由于编者水平有限,书中难免有错误和不妥之处,敬请广大读者批评指正。

目　　录

项目 1 集成库设计

项目目标

➤ 认识集成库编辑器的设计环境
➤ 掌握集成库元件原理图和元件封装的设计方法
➤ 掌握已有工程集成库的创建方法

项目任务

➤ 创建用户自定义的原理图库
➤ 创建用户自定义的 PCB 封装库
➤ 创建集成库

项目相关知识

Altium Designer 引入了集成库的概念,也就是将原理图符号、PCB 封装、仿真模型、信号完整性分析、3D 模型都集成在了一起。这样,用户采用集成库中的元件完成原理图设计之后,就不需要再为每一个元件添加各自的模型了,大大减少了设计者的重复工作,提高了设计效率。

在 Altium Designer 中,集成库能作为独立的文档存在,如原理图库包含原理图符号,PCB 封装库包含 PCB 封装模型、3D 模型、仿真模型和信号完整性分析模型等。Altium Designer 支持集成库的创建及使用。本项目主要介绍 Altium Designer 中原理图库和 PCB 封装库的创建和使用。

在介绍集成库操作之前先简单介绍一下元件库的基本知识。

1 集成库的格式

Altium Designer 支持的集成库文件格式包括以下几种:

(1) Integrated Library(*. IntLib);

(2) Schematic Library(*. SchLib);

(3) Database Library(*. DBLib);

(4) SVN Database Library(*. SVNDBLib);

(5) Protel Footprint Library(*. PcbLib);

(6) PCB3D Model Library(* . PCB3DLib)。

其中，* . SchLib 和 * . PcbLib 为原理图库和 PCB 封装库文件格式；* . IntLib 为集成库文件格式。此外，* . VHDLLib 为 VHDL 语言宏元件库文件格式；* . Lib 为 Protel 99SE以前版本的元件库文件格式。Altium Designer 元件库文件格式向下兼容，即可以使用Protel 以前版本的元件库文件格式。

2 集成库操作的基本步骤

生成一个完整的集成库的步骤如图 1 - 1 所示。

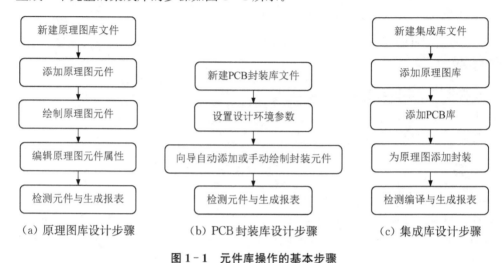

（a）原理图库设计步骤   （b）PCB 封装库设计步骤   （c）集成库设计步骤

图 1 - 1 元件库操作的基本步骤

任务 1.1 原理图库的设计

任务目标

➢ 了解原理图库中元件的编辑环境
➢ 掌握四位一体数码管元件原理图符号的绘制方法
➢ 掌握 AT89C51RD2 元件原理图符号的绘制方法
➢ 掌握 LM353 元件原理图符号的绘制方法

任务内容

➢ 认识原理图库
➢ 掌握原理图库面板的构成
➢ 绘制四位一体数码管、AT89C51RD2 和 LM353 的原理图符号

任务相关知识

1　四位一体数码管

数码管是一类价格便宜、使用简单的半导体发光器件,通过对其不同管脚输入电流,使其发亮,从而显示出数字,能够显示时间、日期、温度等所有可用数字表示的参数。常见的数码管有七段数码管和八段数码管,两者的区别在于八段数码管比七段数码管多一个用于显示小数点的发光二极管单元 DP(Decimal Point)。

为了使用方便,经常将多个数码管集成于一体,如图 1-2 所示为一种四位一体数码管的实物图,该数码管的两侧各有 6 个引脚。本任务中将绘制该类四位一体数码管的元件库。

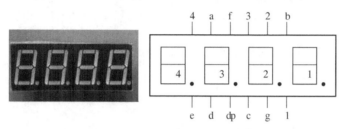

图 1-2　四位一体数码管实物图

2　AT89C51RD2

AT89C51RD2 是一款单片机芯片,它保留了 ATMEL80C52 的所有功能特性,包括 256字节的内部 RAM、1 个 9 源 4 级中断控制器和 3 个定时/计时器。AT89C51RD2 的封装形式有多种,如图 1-3 所示为 AT89C51RD2 的 44 脚 VQFP 封装形式的实物图和引脚分布图。本任务中将设计该封装类型的 AT89C51RD2 元件库。

（a）AT89C51RD2 的实物图

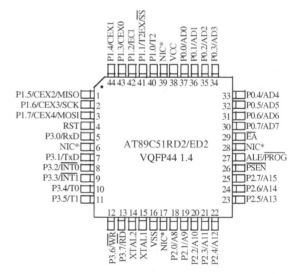

（b）AT89C51RD2 的引脚分布图

图 1-3　AT89C51RD2 的 44 脚 VQFP 封装形式实物图和引脚分布图

3 LF353

LF353 是一款低成本、高速的 JFET（Junction Field-Effect Transistor，结型场效应管）输入运算放大器。它具有非常低的输入偏置电压，在低电源、电流的情况下仍然可保持强劲的增益带宽和较快的转换速率。图 1-4 为 LF353 的双列直插（DIP）封装形式的实物图和引脚分布图。LF353 内部包含两个运算放大器，属于多部件元件，本任务中将设计该封装类型 LF353 的元件库。

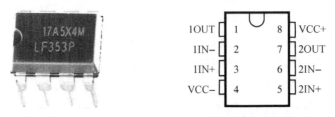

图 1-4　LF353 的双列直插封装形式实物图和引脚分布图

任务实施

一、 四位一体数码管原理图设计

1　新建原理图库

在本地磁盘（本书使用 F 盘）根目录下的\PCB\Source 文件夹中新建一个文件夹并命名为 Project1，用来存储所创建的文件。

执行菜单命令 File|New|Library|Schematic Library，系统生成一个原理图库文件，默认名称为 SchLib1.lib，同时启动原理图库文件编辑器，如图 1-5 所示，将该库文件另存为 MCU.SchLib。

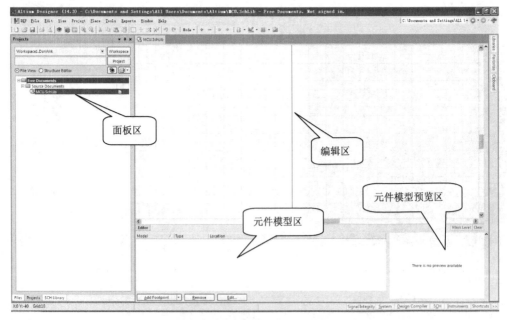

图 1-5　原理图库文件编辑器

打开创建的原理图库文件 MCU. SchLib,在原理图库文件编辑器中执行菜单命令 Tools | New Component,创建一个新元件,将其命名为 7SEG-4,如图 1-6 所示。其实在新建原理图库文件 MCU. SchLib 时,系统已默认新建了一个元件 Component_1,可直接将其更名为 7SEG-4:执行菜单命令 Tools | Rename Component,在弹出的对话框中键入 7SEG-4 即可。

图 1-6   新建元件命名对话框

2   从已有库中复制元件

打开元件库文件 Miscellaneous Devices. SchLib,找到 Dpy Amber-CA 元件,如图 1-7 所示。选中该元件并复制,然后单击 MCU. SchLib 文件,在 7SEG-4 元件编辑区执行粘贴操作,将 Dpy Amber-CA 元件复制到元件编辑区,如图 1-8 所示。

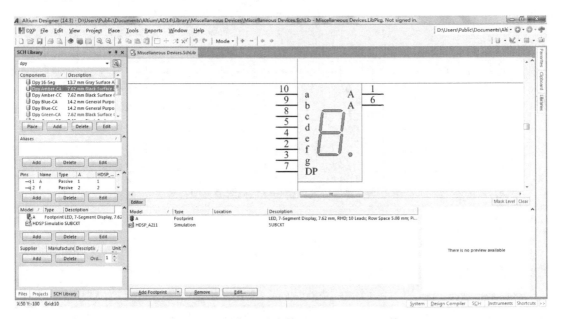

图 1-7   已有元件库中的 Dpy Amber-CA 元件

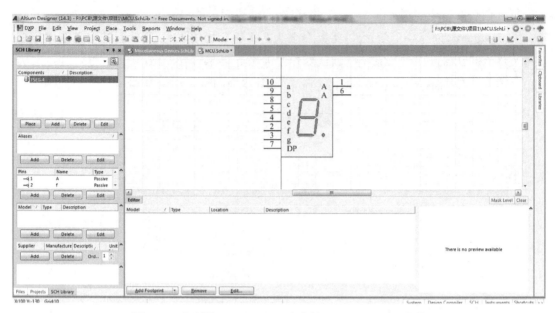

图 1-8   复制的 MCU.SchLib 库中的 Dpy Amber-CA 元件

3   修改原理图符号

对图 1-8 中的原理图符号进行修改,使之符合四位一体数码管原理图符号要求,如图 1-9 所示。

图 1-9   绘制好的四位一体数码管原理图符号

4   编辑元件属性

元件都有相关联的属性,如默认标号、PCB 封装、仿真模块及各种变量等,这些属性设置需要通过元件属性设置对话框来完成。

执行菜单命令 Tools|Components Properties…,或在左侧的 SCH Library 原理图库面板中选中新建的 7SEG-4 元件,单击 Edit 按钮,打开库元件属性设置对话框,如图 1-10 所示。

下面简单介绍一下常见的元件属性设置。

1) Properties(属性)

(1) Default Designator (默认标号):设置放置该元件时系统分配给元件的默认标号,本项目设置为 DS?,并勾选 Visible(可见)复选框。

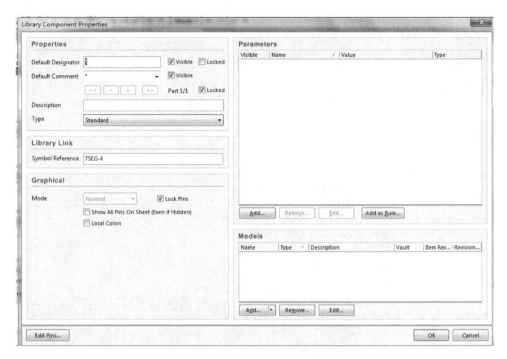

图 1-10　库元件属性设置对话框

（2）Default Comment（默认注释）：设置元件的相关注释信息，但不会影响到元件的电气性能，这里将注释信息设置为芯片的名称 7SEG-4。

（3）Description（描述）：设置关于元件的描述，这里设置为 7SEG-4。

（4）Type（类型）：设置元件的种类，可以设置为标准、机械层、图形等，这里设置为 Standard（标准）。

2）Library Link（库链接）

Symbol Reference（符号引用）：这里设置为 7SEG-4。

3）Graphical（图形区域）

该区域设置元件的默认图形属性。

（1）Mode（模式）：这里设置为 Normal（普通）。

（2）Lock Pins（锁定引脚）：勾选后，将元件引脚锁定在元件符号上，使之不能在原理图库文件编辑器中被修改。

（3）Show All Pins On Sheet（Even if Hidden）［图纸上显示所有引脚（即使隐藏）］：通常不勾选此项，隐藏的引脚不会显示。

（4）Local Colors（局部颜色）：通常不勾选此项。

4）Parameters（参数）

该区域设置元件的默认参数，单击该区域下方的 Add 按钮会弹出如图 1-11 所示的参数设置对话框，在该对话框中可以设置元件的各种参数，像电阻的阻值、生产厂家、生产日期等，这些参数均不具有电气意义，所以在这里为了简单起见不予理会。

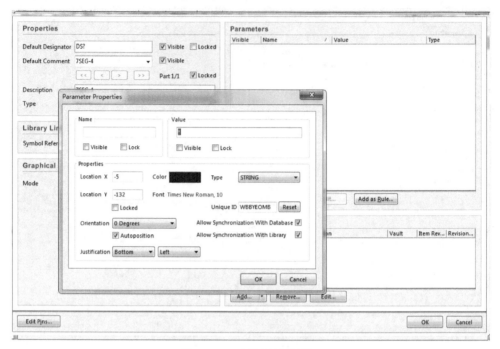

图 1 - 11　参数设置对话框

5）Models（模型）

该区域设置元件的默认模型。元件模型是电路原理图与其他电路软件连接的关键。在该区域可设置 Footprints（PCB 封装模型）、Simulation（电路仿真模型）、PCB3D（PCB3D 仿真模型）和 Signal Integrity（信号完整行分析模型）。如图 1 - 12 所示，单击该区域下方的 Add 按钮可添加各种模型，单击 Remove 按钮可删除已有的模型，单击 Edit 按钮可编辑现有的模型。

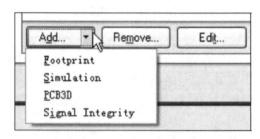

图 1 - 12　元件模型设置

在元件模型中放置引脚时对元件引脚属性逐一编辑十分麻烦，这里介绍一个比较简单的方法，即单击图 1 - 10 所示的库元件属性编辑对话框左下角的 Edit Pins 按钮，弹出如图 1 - 13 所示的元件引脚编辑器，这里列出了元件所有引脚的各项属性，可对这些属性进行编辑，也可增加、移除引脚，非常方便。

5　检查元件设计规则

元件的原理图绘制完成后还要进行设计规则检查，以防有意想不到的错误发生，导致后

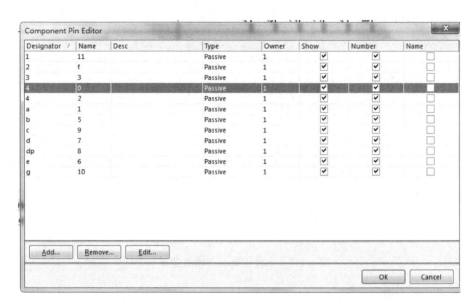

图 1–13　元件引脚编辑器

面生成集成库时出现错误。执行菜单命令 Reports|Component Rule Check，弹出如图 1–14 所示的库元件设计规则检查对话框。

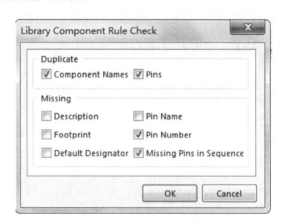

图 1–14　库元件设计规则检查对话框

可供检查的内容如下：

（1）Duplicate（重复项）：查找是否有重复项。

① Component Names（元件名）：检查是否有重复的元件名。

② Pins（引脚）：检查是否有重复的引脚。

（2）Missing（丢失项）：查找是否有遗漏项。

① Description（描述）：检查是否遗漏元件的描述。

② Pin Name（引脚名）：检查是否遗漏元件的引脚名称。

③ Footprint（封装）：检查是否遗漏元件的封装。

④ Pin Number（引脚号）：检查是否遗漏元件的引脚号。

⑤ Default Designator（默认标号）：检查是否遗漏元件的标号。

⑥ Missing Pins in Sequence（丢失引脚序列）：检查是否遗漏元件的引脚标号。

选好要检查的内容后，单击图 1 - 14 中的 OK 按钮执行元件设计规则检查，检查结果生成为 MCU. ERR 文件。检查结果如图 1 - 15 所示，没有发现错误。

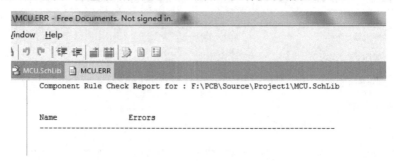

图 1 - 15   元件设计规则检查结果

6 生成元件报表

元件设计规则检查无误后可以生成元件报表，列出元件的详细信息。执行菜单命令 Reports|Component，系统会自动生成元件报表文件 7SEG-4. cmp 并打开，里面列出了元件引脚的详细信息，便于查看，如图 1 - 16 所示。

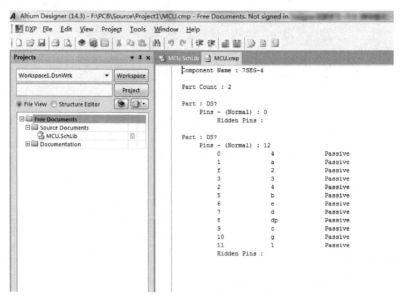

图 1 - 16   7SEG-4 元件报表

二、AT89C51RD2 原理图设计

1 新建元件

打开前面创建的原理图库文件 MCU. SchLib，在原理图库文件编辑器中执行菜单命令 Tools|New Component，创建一个新元件，将其命名为 AT89C51RD2。

2　绘制元件的符号轮廓

按下快捷键 Ctrl＋Home,让编辑区的原点居中,再执行菜单命令 Place|Rectangle,或单击工具栏上的  按钮,进入矩形绘制状态。单击鼠标将矩形的一个对角点确定在原点位置,然后拖动鼠标绘制另一个对角点,以确定矩形的大小。矩形右下角的坐标位置大约为(160,−140),如图 1−17 所示。

图 1−17　绘制元件的符号轮廓

3　放置元件引脚

元件引脚具有电气属性,它定义了该元件上的电气连接点;它也具有图形属性,如长度、颜色、宽度等。通常元件引脚的放置有两种方法:与实际元件封装的引脚相对应,按顺序放置引脚;将元件引脚按功能划分,按照不同的功能模块来放置引脚。在本项目中按照功能划分可以方便后续原理图的绘制。

执行菜单命令 Place|Pin 或者单击工具栏上的 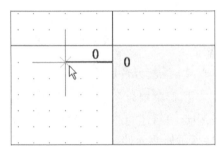 按钮进入引脚放置状态。需注意的是引脚只有一端具有电气属性,也就是在电路原理图绘制过程中可以与电气走线形成电气连接,绘制过程中可按空格键来改变引脚的方向。如图 1−18 所示,光标所在的一端具有电气属性。按 Tab 键进入引脚属性设置对话框,对引脚属性进行设置,如图 1−19 所示。

图 1−18　放置引脚

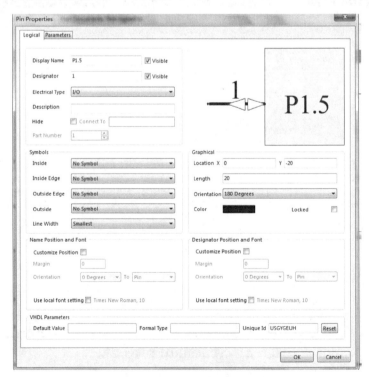

图 1−19　设置引脚属性

在图 1－19 中点击 OK 按钮完成引脚属性设置。在合适的地方单击鼠标左键放置引脚,第一个引脚编辑并放置完成后的元件模型如图 1－20 所示,所有引脚编辑并放置完成后如图 1－21 所示。

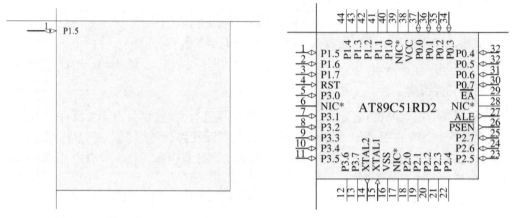

图 1－20   第一个引脚放置完成   图 1－21   AT89C51RD2 的所有引脚放置完成

4 编辑元件属性

执行菜单命令 Tools|Components Properties…,或在左侧的 SCH Library 原理图库面板中选中新建的 AT89C51RD2 元件,单击 Edit 按钮,打开库元件属性设置对话框,按图 1－22 所示修改元件属性。

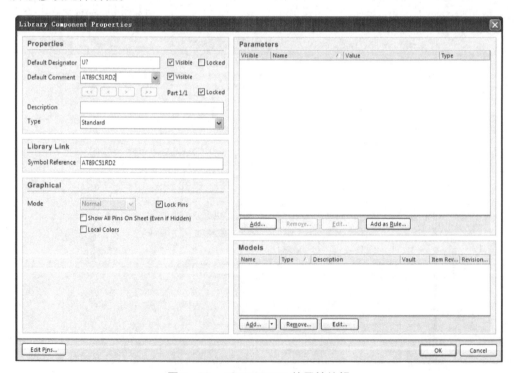

图 1－22   AT89C51RD2 的属性编辑

5　检查元件设计规则

执行菜单命令 Reports|Component Rule Check,弹出元件设计规则检查对话框。选好要检查的内容后,单击 OK 按钮执行元件设计规则检查,检查结果生成为 MCU.ERR 文件。检查结果如图 1-23 所示,没有发现错误。

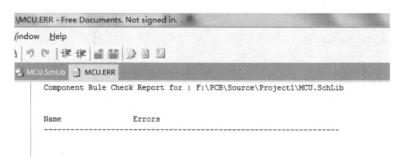

图 1-23　元件设计规则检查结果

6　生成元件报表

执行菜单命令 Reports|Component,系统自动生成元件报表文件 AT89C51RD2.cmp 并打开,里面列出了元件引脚的详细信息,便于查看,如图 1-24 所示。

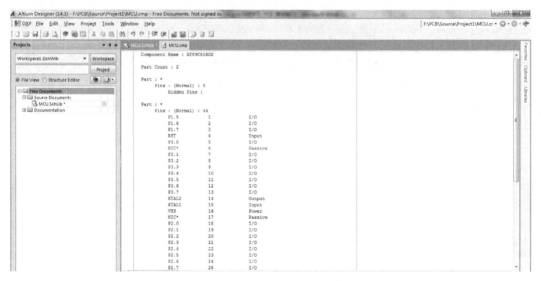

图 1-24　AT89C51RD2 元件报表

三、LF353 原理图设计

1　新建元件

打开前面创建的原理图库文件 MCU.SchLib,在原理图库文件编辑器中执行菜单命令 Tools|New Component,创建一个新元件,将其命名为 LF353。

2　绘制第一个功能模块

打开元件库文件 Miscellaneous Devices. IntLib，找到 Op Amp 元件，如图 1-25 所示。选中该元件并复制，然后单击 MCU. SchLib 文件，在 LF353 元件编辑区执行粘贴操作，将 Op Amp 元件复制到元件编辑区，如图 1-26 所示。

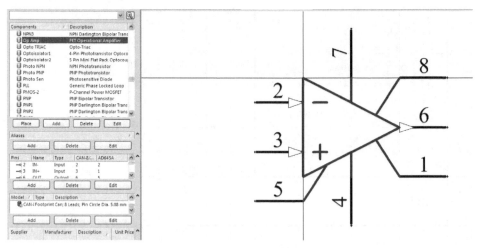

图 1-25　Op Amp 元件

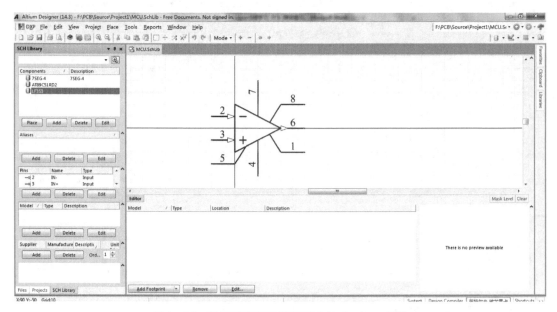

图 1-26　复制到 LF353 编辑区中的 Op Amp 元件

3　编辑修改元件引脚

按照图 1-27 所示编辑修改图 1-26 中的元件引脚。

4　绘制第二个功能模块

执行菜单命令 Tools|New Part，可以看到 SCH Library 原理图库面板中元件 LF353 的

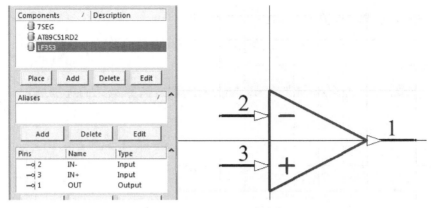

图 1 - 27　修改完毕的元件引脚

名称前面出现一个＋按钮，单击＋按钮展开 LF353，如图 1 - 28 所示，编辑区显示已经绘制好的 A 模块（即第一个模块）。单击图 1 - 28 中 SCH Library 原理图库面板中的 Part B 会展开一个空白编辑区，用于绘制 LF353 元件的第二个功能模块。

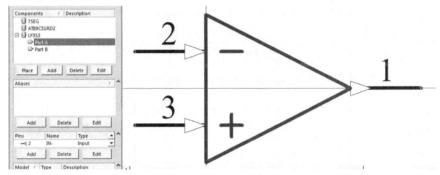

图 1 - 28　LF353 的编辑区

单击 SCH Library 原理图库面板中的 Part A，回到已经画好的第一个功能模块的编辑区，将已经绘制好的第一个功能模块全部选定，执行菜单命令 Edit | Copy，复制第一个功能模块。

单击 Part B，切换到第二个功能模块的编辑区，执行菜单命令 Edit | Paste，移动鼠标到坐标原点处单击，将第一个功能模块粘贴到第二个功能模块的编辑区。

修改第二个功能模块的引脚属性，完成后的功能模块如图 1 - 29 所示。

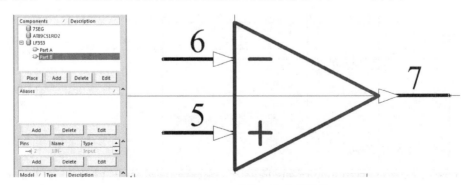

图 1 - 29　LF353 的第二个功能模块

5 添加电源引脚并编辑元件属性

在图 1-29 中选中 LF353,双击鼠标左键,打开库元件属性设置对话框,按图 1-30 所示修改元件属性。

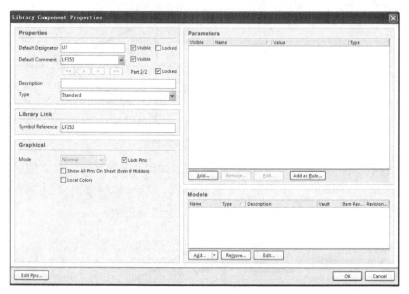

图 1-30 LF353 的属性编辑

单击图 1-30 左下角的 Edit Pins 按钮,打开元件引脚编辑器,如图 1-31 所示。增加两个引脚,分别是 4(VCC-)和 8(VCC+),按图 1-31 所示进行设置。4(VCC-)脚和 8(VCC+)脚为电源引脚,分组为 0。

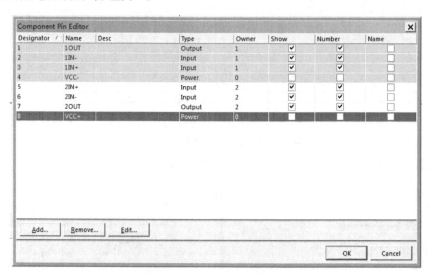

图 1-31 元件引脚编辑器

6 检查元件设计规则

执行菜单命令 Reports|Component Rule Check,弹出库元件设计规则检查对话框。选

好要检查的内容后,单击 OK 按钮执行元件设计规则检查,检查结果生成为 MCU. ERR 文件。检查结果如图 1‑32 所示,没有发现错误。

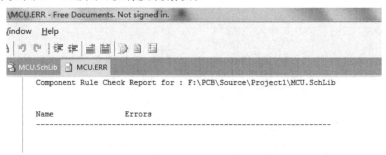

图 1‑32　元件设计规则检查结果

7　生成元件报表

执行菜单命令 Reports|Component,系统自动生成元件报表文件 LF353. cmp 并打开,里面列出了元件引脚的详细信息,便于查看,如图 1‑32 所示。

```
MCU.SchLib    MCU.cmp
    Component Name : LF353

    Part Count : 3

    Part : U?
        Pins - (Normal) : 2
            Hidden Pins :
            VCC-          4          Power
            VCC+          8          Power

    Part : U?A
        Pins - (Normal) : 3
            1IN-          2          Input
            1IN+          3          Input
            1OUT          1          Output
            Hidden Pins :

    Part : U?B
        Pins - (Normal) : 3
            2IN-          6          Input
            2IN+          5          Input
            2OUT          7          Output
            Hidden Pins :
```

图 1‑33　LF353 元件报表

任务 1.2　PCB 封装库的设计

任务目标

➢ 了解 PCB 封装库中元件的编辑环境
➢ 掌握四位一体数码管封装的绘制方法
➢ 掌握 AT89C51RD2 封装的绘制方法
➢ 掌握 LM353 封装的绘制方法

任务内容

➢ 绘制四位一体数码管封装

➢ 绘制 AT89C51RD2 封装

➢ 绘制 LF353 封装

任务相关知识

元件封装形式是为实际元件在印制电路板上焊接、安装服务的,必须保证在印制电路板上给元件预留的空间大小恰当、焊盘的大小和形状合适、焊盘与元件引脚一一对应、焊盘间距与元件引脚保持一致等。

随着电子工业的飞速发展,新型元件的封装形式层出不穷,元件 PCB 封装库总显得不够用,因此,学会自己设计元件的封装是电子工程师的必修课。在 Altium Designer 14 中创建元件 PCB 封装的方法多种多样,可以在知道元件具体尺寸的情况下自己手工绘制出元件的封装,如果所需绘制的元件封装是符合国际标准的芯片封装形式,也可以利用 Altium Designer 14 提供的 IPC 元件封装设计向导和 PCB 元件封装设计向导非常方便地设计出符合要求的芯片 PCB 封装模型。

绘制元件 PCB 封装模型的方法可分为以下三种:

(1)手工绘制元件封装模型;

(2)利用 IPC 元件封装向导 IPC Compliant Footprint Wizard 绘制元件封装模型;

(3)利用 PCB 元件封装设计向导 Component Wizard 绘制元件封装模型。

本任务中将详细介绍三种方法的具体操作步骤。

四位一体数码管的型号很多,如图 1 - 34 所示为 LDS-3461AX/BX 的封装形式,长×宽×高为 30 mm×14 mm×7.2 mm。

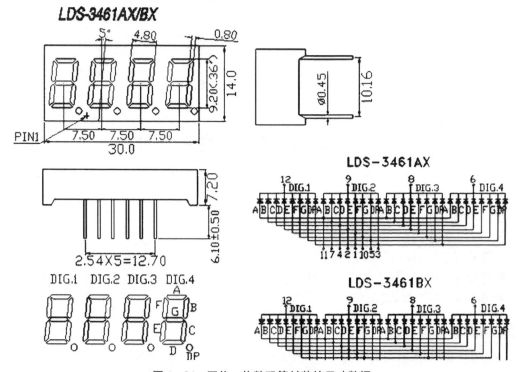

图 1 - 34   四位一体数码管封装的尺寸数据

如图 1 - 35 所示为 AT89C51RD2 芯片的 VQFP 封装尺寸,图中单位为毫米。

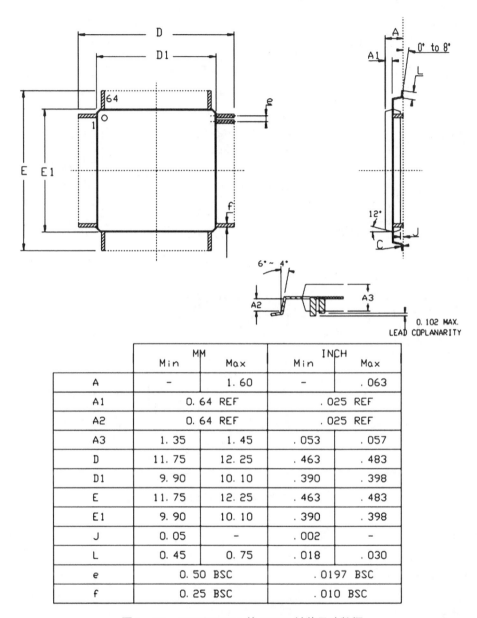

	MM		INCH	
	Min	Max	Min	Max
A	–	1. 60	–	. 063
A1	0. 64 REF		. 025 REF	
A2	0. 64 REF		. 025 REF	
A3	1. 35	1. 45	. 053	. 057
D	11. 75	12. 25	. 463	. 483
D1	9. 90	10. 10	. 390	. 398
E	11. 75	12. 25	. 463	. 483
E1	9. 90	10. 10	. 390	. 398
J	0. 05	–	. 002	–
L	0. 45	0. 75	. 018	. 030
e	0. 50 BSC		. 0197 BSC	
f	0. 25 BSC		. 010 BSC	

图 1 - 35　AT89C51RD2 的 VQFP 封装尺寸数据

LF353 的常见双列直插式封装尺寸如图 1 - 36 所示,图中括号外单位为英寸,括号内单位为毫米。

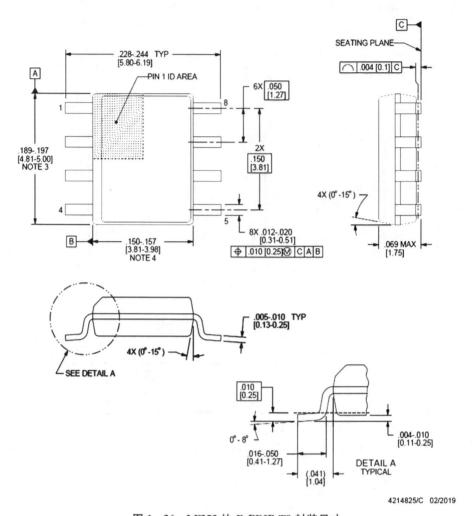

图 1‑36   LF353 的 R‑PDIP‑T8 封装尺寸

任务实施

一、创建 PCB 封装库

1 新建封装库

执行菜单命令 File|New|Library|PCB Library,系统生成一个 PCB 封装库文件,默认名称为 PcbLib1. Lib,同时启动 PCB 封装库文件编辑器,如图 1‑37 所示,将该库文件另存为 MCU. PcbLib。

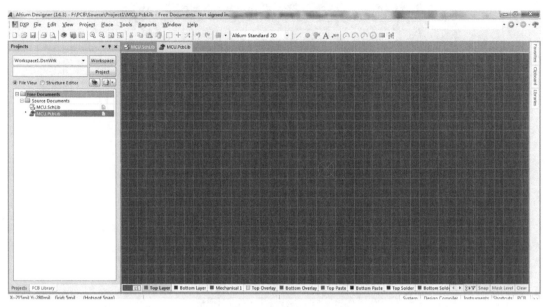

图 1－37　封装库文件编辑器

2　确定长度单位

系统只有 mil 和 mm 这两种单位可以选择,系统默认的长度单位为 mil,切换方法是执行菜单命令 View|Toggle Units,每执行一次命令将切换一次,在窗口下方的状态信息栏中有显示。100 mil 是 DIP 封装的标准焊盘间距,在创建元件封装时,也应该遵循这一原则,以便与通用的封装符号统一,也有利于制作 PCB 时的元件布局和走线,本项目使用的长度单位为 mm。

3　设置环境参数

执行菜单命令 Tools|Library Options…,进入板卡选项对话框设置环境参数,如图 1－38 所示,按图中所示设置各个参数。主要参数是元件网格和捕获网格,应小于等于元件图中间距的最小间距。

二、创建四位一体数码管封装

1　新建空白元件封装

执行菜单命令 Tools|New Blank Component,新建一个空白的元件封装,如图 1－39 所示。光标指向 PCB 库面板中的元件名称 PCBCOMPONENT_1,单击鼠标右键,选择右键菜单中的元件属性命令 Component Properties…,也可以执行菜单命令 Tools|Component Properties…,打开 PCB 库元件参数设置对话框,如图 1－40 所示。在 Name(名称)文本框中输入 7SEG_4,创建一个四位一体数码管的封装,单击 OK 按钮确定。

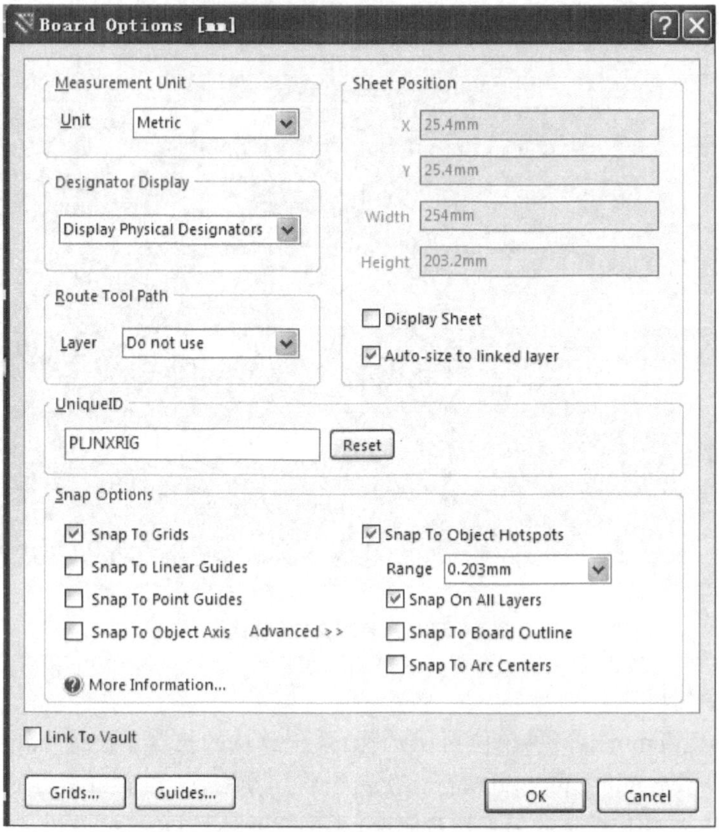

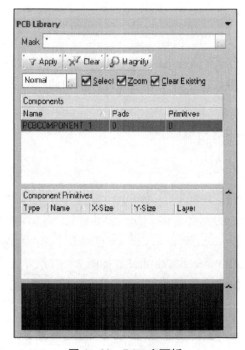

图 1 - 38　板卡选项设置对话框

图 1 - 39　PCB 库面板

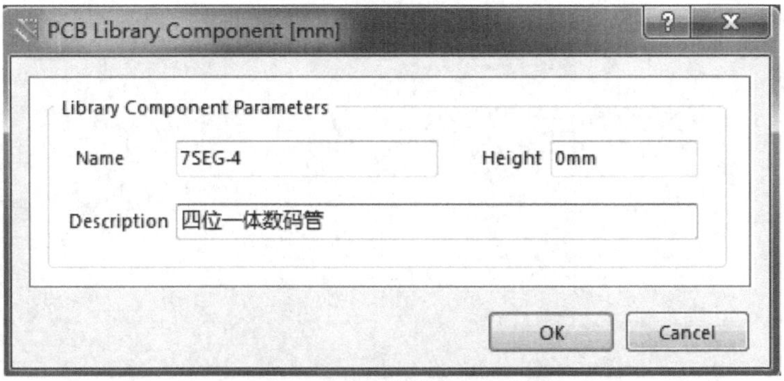

图 1 - 40　PCB 库元件参数设置对话框

2　手工绘制元件封装

完成参数设置后,开始绘制元件封装,将 Multi-Layer 层设置为当前层,按照封装尺寸图进行封装设计。

执行菜单命令 Place|Pad 或单击 Pcb Lib Placement(PCB 封装库放置)工具栏中的  按钮,出现十字状光标并带有焊盘符号,进入放置焊盘状态。按 Tab 键,弹出焊盘属性设置对话框,如图 1 - 41 所示,按图中所示设置有关参数,主要参数有焊盘直径、间距和形状。通常焊盘孔径比引脚直径大 0.1~0.2 mm,焊盘外径比焊盘孔径大 0.6 mm 以上。1 号焊盘通常设置为方形,在 Location 区域设置 X、Y 均为 0 mm。执行菜单命令 Edit|Set Reference|Pin1,将 Pin1 设置为基准参考点。接着放置其他焊盘,引脚间距是标准的 2.54 mm(100 mil),两列焊盘的间距为 10.16 mm。全部焊盘放置位置参照图 1 - 42,放置完成后单击鼠标右键退出。

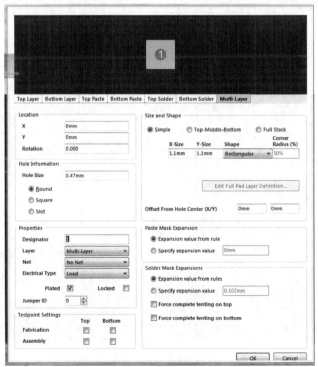

图 1 - 41　1 号焊盘属性设置对话框

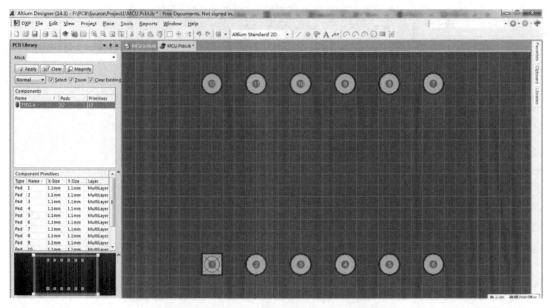

图 1－42　四位一体数码管封装焊盘放置图

将 Top Overlay(顶层丝印层)设置为当前层,然后执行菜单命令 Edit|Set Reference|Pin 1,将 Center 设置为基准参考点。

执行菜单命令 Place|Line 或单击 Pcb Lib Placement 工具栏中的 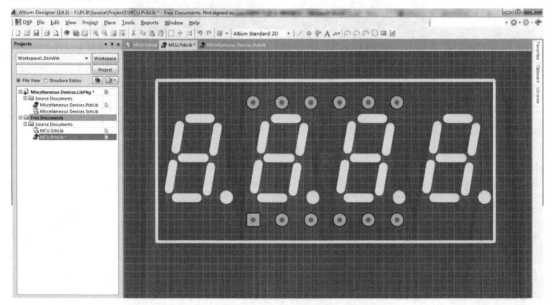 按钮,出现十字状光标,进入放置直线状态。按封装尺寸绘制封装外形,矩形框四个点的坐标分别为(15 mm,7 mm),(－15 mm,7 mm),(－15 mm,－7 mm),(15 mm,－7 mm)。对于符号"8",可以复制封装库中原有的符号,按照封装尺寸进行修改。绘制完成的四位一体数码管的封装形式如图 1－43 所示。

图 1－43　绘制完成的四位一体数码管封装图

3　保存封装

执行菜单命令 File|Save 或单击工具栏中的 ⊞(保存)按钮,保存创建好的封装。

4　添加 3D 封装模型

执行菜单命令 Place|3D Body,打开 3D 封装参数设置对话框,如图 1-44 所示,设置元件的 3D 封装参数,此处只要设置元件高度。

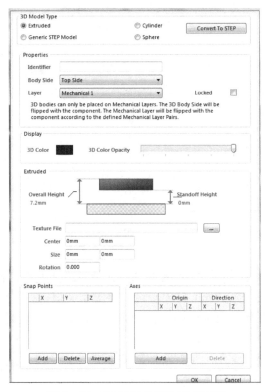

图 1-44　3D 封装参数设置对话框

5　检查封装设计规则

元件绘制完成后需要对封装进行设计规则检查。执行菜单命令 Reports|Component Rule Check,弹出元件设计规则检查对话框,选取需要检查的内容,单击 OK 按钮开始检查,系统会自动生成 MCU.ERR 文件,检查结果如图 1-45 所示,没有发现错误。

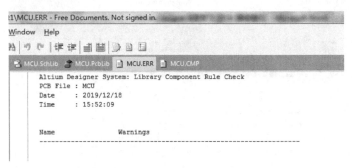

图 1-45　封装设计规则检查结果

三、 创建 AT89C51RD2 封装

执行菜单命令 Tools|IPC Compliant Footprint Wizard,启动 IPC 元件封装设计向导,如图 1 - 46 所示。

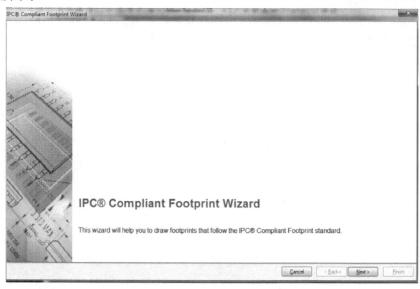

图 1 - 46　IPC 元件封装设计向导启动界面

单击 Next 按钮,进入如图 1 - 47 所示的选择元件封装类型对话框,选中 PQFP,这是一种四方形的扁平塑料封装,与 AT89C51RD2 的封装类型类似,这也是用得最多的贴片 IC 封装类型。在该对话框的右部列出了该类元件的介绍和封装模型预览,对话框的底部则提示要注意芯片的参数均采用毫米为单位。

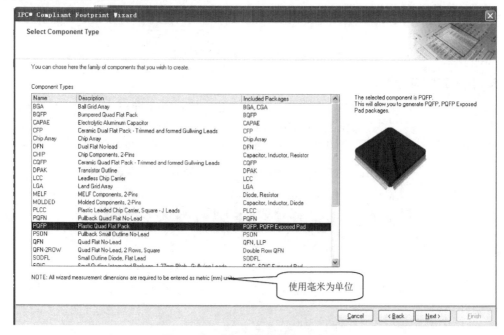

图 1 - 47　选择元件封装类型对话框

单击 Next 按钮,进入如图 1-48 所示的元件外形尺寸设置对话框,根据封装尺寸数据设置元件的外径。

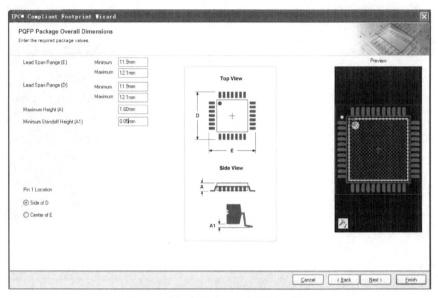

图 1-48　元件外形尺寸设置对话框

单击 Next 按钮,在元件外形尺寸设置对话框中,按图 1-49 继续设置元件的内径、引脚的大小、引脚之间的间距以及引脚的数量。当这些参数设置完成后可以看到元件的预览图已经与元件的外形一样了。

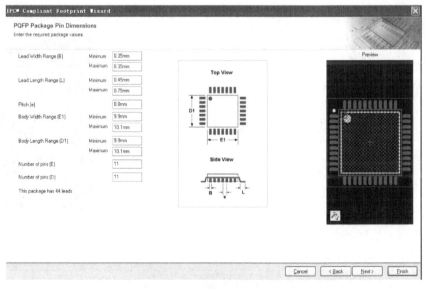

图 1-49　设置元件外形尺寸

单击 Next 按钮,进入如图 1-50 所示的导热焊盘设置对话框,发热量较大的元件需在这里进行相应设置。AT89C51RD2 芯片本身并没有导热的焊盘,所以这里不用选中 Add

Thermal Pad 复选框。

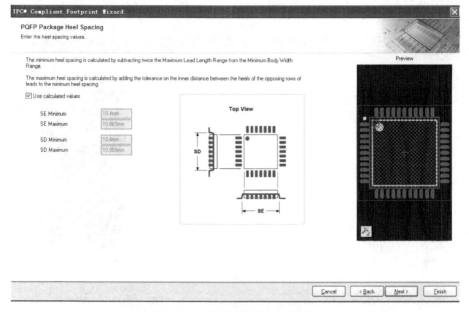

图 1 - 50 导热焊盘设置对话框

单击 Next 按钮,进入如图 1 - 51 所示的引脚位置设置对话框,可以设置元件引脚和元件体之间的距离。本任务中,系统已经由前面提供的元件尺寸数据计算出了默认值,无需修改。

图 1 - 51 引脚位置设置对话框

单击 Next 按钮,进入如图 1 - 52 所示的助焊层尺寸设置对话框,可以设置元件焊盘的助焊层尺寸。本任务采用系统默认数据,并在 Board density Level 下拉列表中选择 Level B-Medium density。对话框下部列出了尺寸预览图。

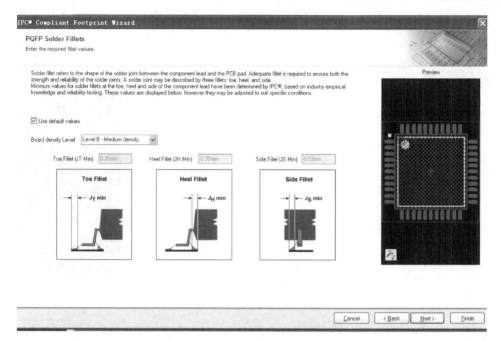

图 1－52　助焊层尺寸设置对话框

单击 Next 按钮,进入如图 1－53 所示的元件容差设置对话框,可以设置元件所允许的最大误差,本任务采用系统的默认设置。

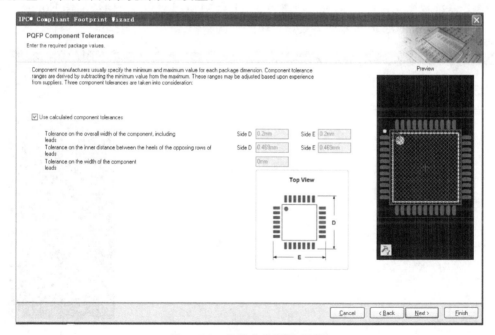

图 1－53　元件容差设置对话框

单击 Next 按钮,进入如图 1－54 所示的元件封装容差设置对话框,可以设置元件封装所允许的最大误差,本任务采用系统的默认设置。

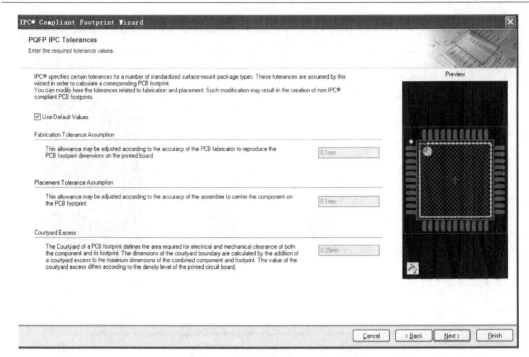

图 1-54　元件封装容差设置对话框

　　单击 Next 按钮,进入如图 1-55 所示的焊盘尺寸设置对话框,可以设置元件焊盘的尺寸,该值是系统根据元件的引脚尺寸计算出来的;还可以设置焊盘的形状,是 Rounded(圆形)还是 Rectangular(矩形),本任务采用系统的默认设置。

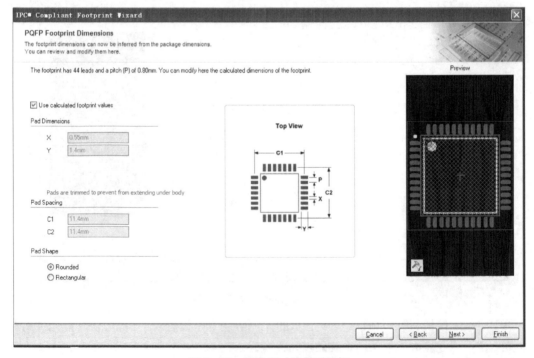

图 1-55　焊盘尺寸设置对话框

单击 Next 按钮,进入图 1 - 56 所示的丝印层尺寸设置对话框,可以设置丝印层印制的元件的外形尺寸,本任务采用系统的默认设置。

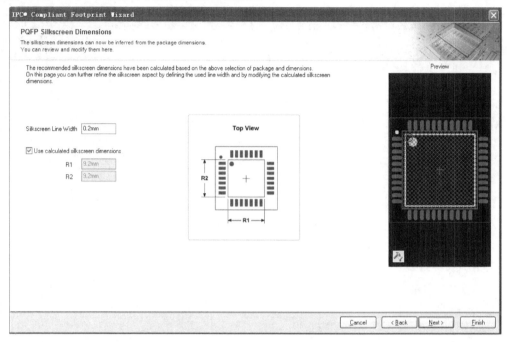

图 1 - 56　丝印层尺寸设置对话框

单击 Next 按钮,进入如图 1 - 57 所示的元件封装整体尺寸设置对话框,可以设置元件封装的整体尺寸。本任务中,系统已经根据元件的尺寸和焊盘的大小计算出了默认值,无需更改。至此元件的封装已经设计完成,单击 Finish 按钮完成设计,进入下一个界面。

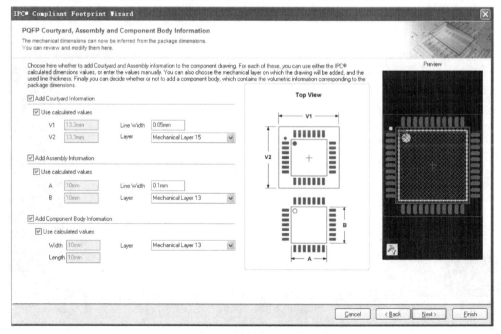

图 1 - 57　元件封装整体尺寸设置对话框

单击 Next 按钮,进入如图 1-58 所示的元件名称与描述设置对话框,系统已经给出了建议值,不需要修改。

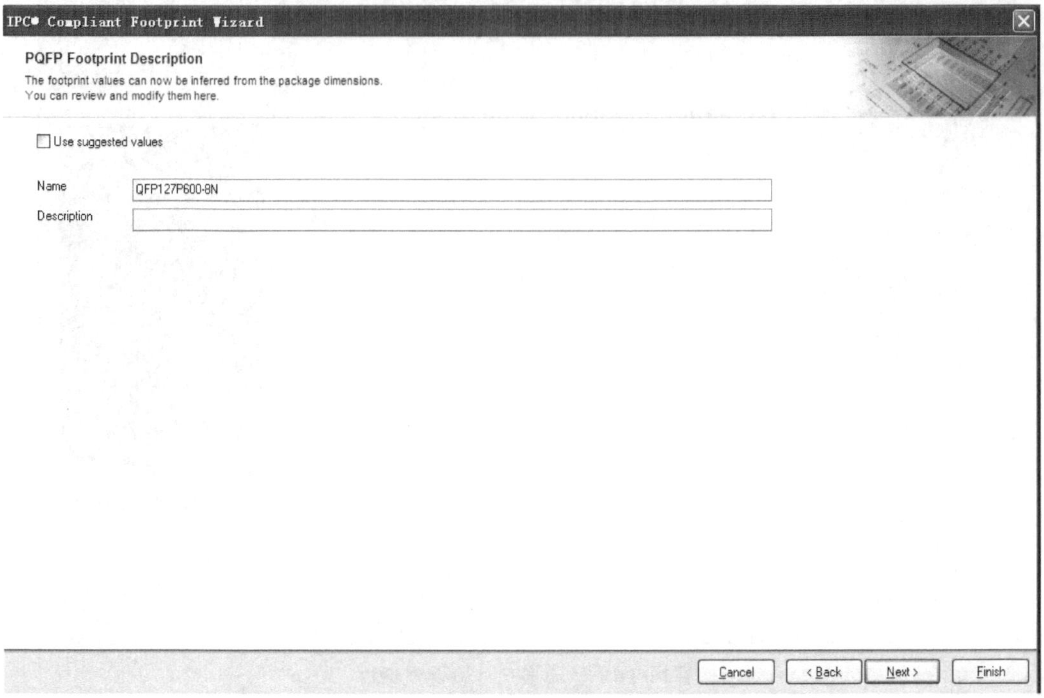

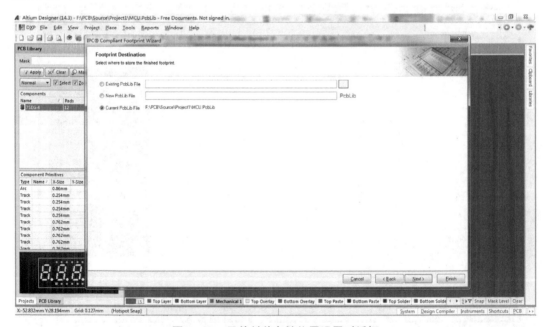

图 1-58   元件名称与描述设置对话框

单击 Next 按钮,进入如图 1-59 所示的元件封装存储位置设置对话框,默认存储在当前库文件中。

图 1-59   元件封装存储位置设置对话框

单击 Next 按钮,进入图 1‐60 所示的 IPC 元件封装设计向导完成对话框,单击 Finish 按钮完成元件封装的设计。

图 1‐60　IPC 元件封装设计向导完成对话框

设计完成的 AT89C51RD2 的 PCB 封装如图 1‐61 所示。有了 IPC 元件封装设计向导,设计复杂的多引脚芯片的 PCB 封装模型就变得方便多了。

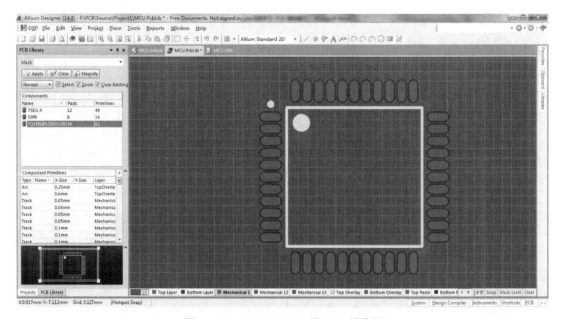

图 1‐61　AT89C51RD2 的 PCB 封装图

元件封装设计完成后需要对封装进行设计规则检查。执行菜单命令 Reports | Component Rule Check,弹出元件设计规则检查对话框,选取需要检查的内容,单击 OK 按钮开始检查,系统会自动生成 MCU.ERR 文件,检查结果如图 1－62 所示,没有发现错误。

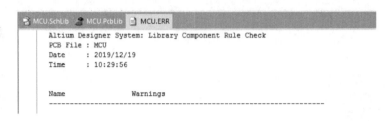

图 1－62　封装设计规则检查结果

四、 创建 LF353 封装

Component Wizard(PCB 元件封装设计向导)是 Altium Designer 先前版本遗留下来的元件封装设计工具,利用它可以像 IPC 元件封装向导一样非常方便地设计元件的封装模型。下面就使用 PCB 元件封装设计向导来设计 LF353 的 PCB 封装。

(1) 执行菜单命令 Tools | Component Wizard…,启动 PCB 元件封装设计向导,如图 1－63 所示。

图 1－63　PCB 元件封装设计向导启动界面

(2) 单击 Next 按钮,进入如图 1－64 所示的元件封装类型选择对话框,本任务选择 Dual In-line Packages (DIP)(双列直插式封装),单位选择 Metric(mm)。

图 1 - 64　元件封装类型选择对话框

（3）单击 Next 按钮，进入焊盘尺寸设置对话框，如图 1 - 65 所示，填入合适的焊盘孔径。编辑修改焊盘尺寸时，先在要修改的尺寸上单击，再删除原来数据，然后添加新数据，单位可以不加。

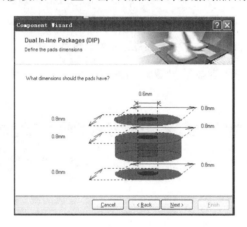

图 1 - 65　焊盘尺寸设置对话框

（4）单击 Next 按钮，进入焊盘位置设置对话框，如图 1 - 66 所示，设置芯片相邻焊盘之间的间距。

图 1 - 66　焊盘位置设置对话框

（5）单击 Next 按钮，进入封装轮廓宽度设置对话框，如图 1-67 所示，设置丝印层印制的元件的轮廓线宽度。

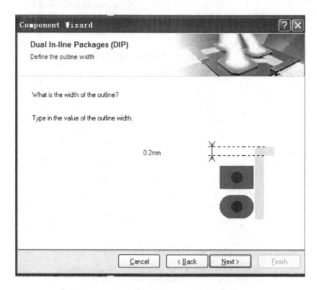

图 1-67　封装轮廓宽度设置对话框

（6）单击 Next 按钮，进入焊盘数设置对话框，如图 1-68 所示，因为本任务是设计 DIP8 封装，所以焊盘数设为 8。

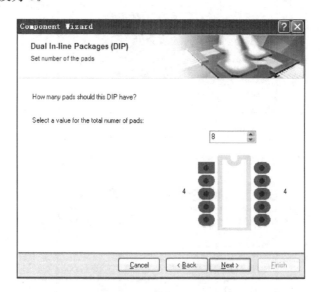

图 1-68　焊盘数设置对话框

（7）单击 Next 按钮，进入元件封装名称设置对话框，如图 1-69 所示，这里采用系统默认的元件封装名称 DIP8。

图 1－69　元件封装名称设置对话框

（8）单击 Next 按钮，进入元件封装设计结束界面，如图 1－70 所示，单击 Finish 按钮则可完成元件封装的设计。设计完成的 DIP8 封装如图 1－71 所示。需要注意的是，创建的封装中焊盘名称一定要与其对应的原理图的元件引脚名称一致，否则封装将无法使用。如果两者不符，则双击焊盘进入焊盘属性设置对话框，修改焊盘名称。

图 1－70　元件封装设计结束界面

（9）元件封装设计完成后需要对封装进行设计规则检查。执行菜单命令 Reports ｜ Component Rule Check，弹出元件设计规则检查对话框，选取需要检查的内容，单击 OK 按钮开始检查，系统会自动生成 MCU. ERR 文件，检查的结果如图 1－72 所示，没有发现错误。

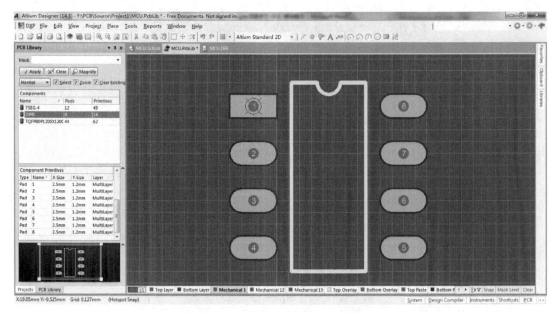

图 1－71　设计完成的 DIP8 封装图

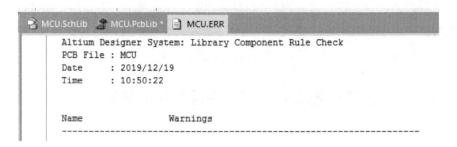

图 1－72　封装设计规则检查结果

任务 1.3　集成库的设计

任务目标

> 掌握自定义集成库的创建方法
> 掌握已有工程集成库的创建方法

任务内容

> 创建自定义集成库
> 创建已有工程集成库

任务相关知识

在使用 Altium Designer 绘制电路板时,需要从已安装的库中调用各种元件,这些库就是所谓的集成库,其集成了原理图库和对应的封装库。随着开发的不断深入,有些元件在 Altium Designer 自带的集成库中找不到了,这时就要自己动手制作符合自己需要的集成库。本任务向大家介绍如何用 Altium Designer 制作一个集成库,并向其中添加原理图库和封装库。

利用 Altium Designer 设计完成一个工程之后,系统可以从工程中自动提取所有的元件信息,创建特定工程的独立元件库。这样用户可以将完整的工程元件数据进行存档,确保将来需要修改设计时可以访问所有原始元件信息。下面介绍如何用 Altium Designer 通过设计完成的工程生成集成库。

任务实施

一、 创建自定义集成库

1　新建集成库

执行菜单命令 File | New | Project | Integrated Library,创建一个集成库文件,命名为 MCU. LibPkg,如图 1 - 73 所示。将该文件与本项目任务 1 和任务 2 中创建的 MCU. SchLib 和 MCU. PcbLib 文件保存到同一文件夹中。

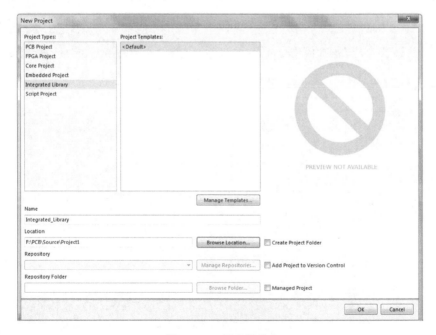

图 1 - 73　创建集成库

单击 OK 按钮,进入集成库文件编辑界面,如图 1 - 74 所示。

图 1-74　集成库文件编辑界面

在图 1-74 中选中 Projects 面板中的 MCU. LibPkg 库文件包,单击鼠标右键,在弹出菜单中选中 Add Existing to Project…,为 MCU 集成库添加原理图库文件和封装库文件。添加完成后集成库如图 1-75 所示。

2　为原理图符号添加封装

在前面的任务中,已经绘制完成原理图符号和 PCB 封装,现在需要将两者关联起来。在图 1-75 中,双击 MCU. SchLib,打开原理图库文件,如图 1-76 所示。在

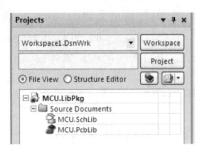

图 1-75　文件添加完成的集成库

原理图库文件编辑器的编辑区内双击 Add Footprint 按钮为原理图符号添加封装,如图 1-77 所示。选择刚刚添加的 7SEG-4 封装并点击 OK 按钮确定,即完成了原理图符号与 PCB 封装的关联,编辑器右下角显示对应的封装图。

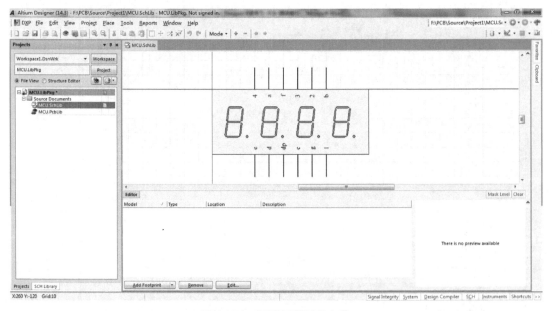

图 1-76　打开原理图库文件

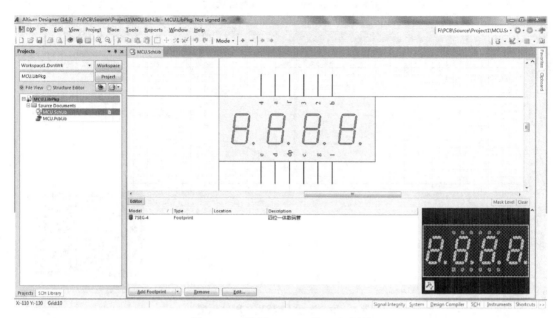

图 1-77 设置 7SEG-4 的 PCB 封装

用同样的方法为 AT89C51RD2 和 LF353 添加封装,如图 1-78 和图 1-79 所示。

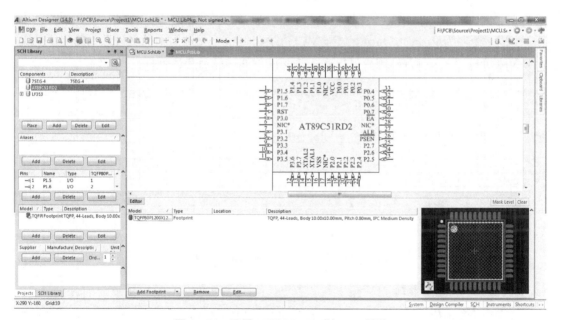

图 1-78 设置 AT89C51RD2 的 PCB 封装

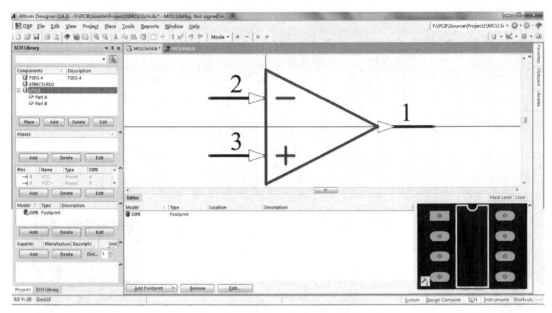

图 1‑79 设置 LF353 的 PCB 封装

3 编译集成库

执行菜单命令 Project|Compile Integrated Library MCU.LibPkg,对整个库文件包进行编译,倘若编译有错误的话会在 Message 面板中显示错误信息。编译无误后,会在工程文件夹中生成一个名为 Project Outputs for MCU 的文件夹,该文件夹中的文件即为新生成的集成库文件,如图 1‑80 所示,用户可以和对元件库文件一样加载该文件。

图 1‑80 编译后自动生成的集成库文件

4 生成原理图库报表

当绘制完集成库中的所有元件模型后可以生成原理图库报表,报表里列出了所有元件模型的具体信息。在原理图库文件编辑器中执行菜单命令 Reports|Library Report…,弹出如图 1‑81 所示的原理图库报表设置对话框。

图 1 - 81　原理图库报表设置对话框

下面介绍对话框中各个参数的意义。

（1）Output File Name：输出文件的名称。

（2）Document style：输出文件的格式，Word 文档格式。

（3）Browser style：输出文档的格式，网页文件格式。

（4）Open generated report：打开生成的文档。

（5）Add generated report to current project：将生成的文档加入工程中。

（6）Include in report：生成的文档中包含以下内容：

① Component's Parameters：元件的参数。

② Component's Pins：元件的引脚。

③ Component's Models：元件的模型。

（7）Draw previews for：生成以下预览：

① Components：原理图的元件预览。

② Models：元件的模型预览。

设置好后单击 OK 按钮，系统将生成元件报表并打开，里面列出了在对话框中选中的相关信息。

二、创建已有工程集成库

执行菜单命令 File|Open Project，弹出文件选择框，选择软件自带的 Connected_Cube PCB 工程，如图 1 - 82 所示。

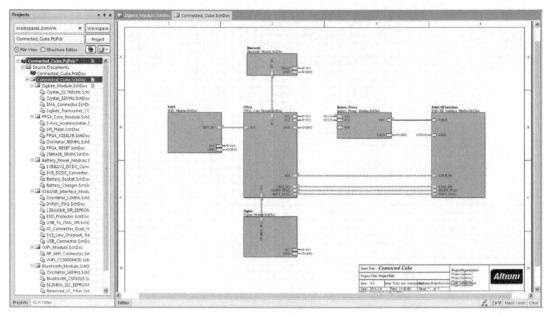

图 1 - 82　打开 Connected_Cube 工程

执行菜单命令 Design|Make Schematic Library，如图 1 - 83 所示，系统自动生成该工程的原理图库，如图 1 - 84 所示。

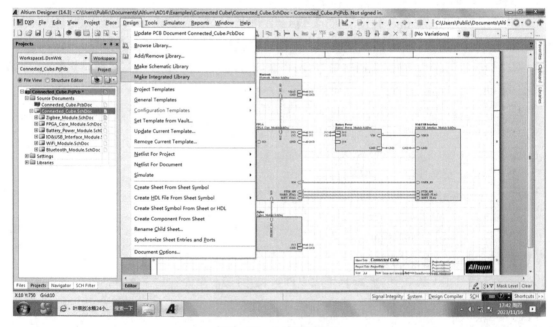

图 1 - 83　生成原理图库

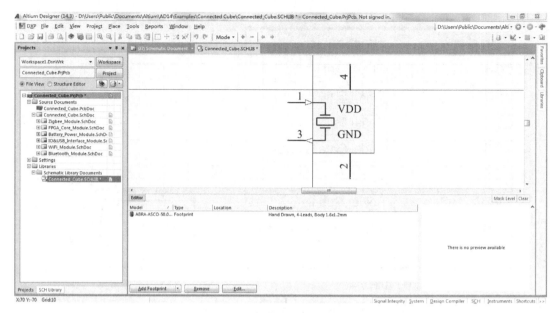

图 1-84　新生成的工程原理图库

回到图 1-82 所示界面,执行菜单命令 Design|Make Integrated Library,系统自动生成该工程的集成库,如图 1-85 所示。

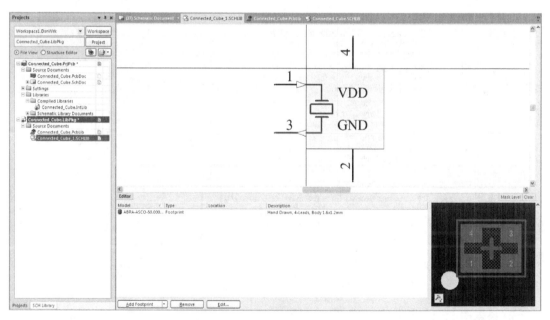

图 1-85　新生成的工程集成库

项目实训

1. 根据图 1-86 提供的数据,创建 AT93C56A 的元件符号。要求元件管脚命名、标号,以及电气类型正确。

Pin Configurations

Pin Name	Function
CS	Chip Select
SK	Serial Data Clock
DI	Serial Data Input
DO	Serial Data Output
GND	Ground
VCC	Power Supply
ORG	Internal Organization
NC	No Connect

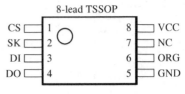

（a）引脚功能　　　　　　　　　　　　　　（b）引脚分布

图 1-86　AT93C56A 的元件资料

2. 根据图 1-87 提供的数据，创建 ADM485 的元件符号。要求元件管脚命名、标号，以及电气类型正确。

Pin	Mnemonic	Function
1	RO	Receiver Output. When enabled if A > B by 200 mV, then RO = High. If A < B by 200 mV, then RO = Low.
2	$\overline{\text{RE}}$	Receiver Output Enable. A low level enables the receiver output, RO. A high level places it in a high impedance state.
3	DE	Driver Output Enable. A high level enables the driver differential outputs, A and B. A low level places it in a high impedance state.
4	DI	Driver Input. When the driver is enabled a logic Low on DI forces A low and B high while a logic High on DI forces A high and B low.
5	GND	Ground Connection, 0 V.
6	A	Noninverting Receiver Input A/Driver Output A.
7	B	Inverting Receiver Input B/Driver Output B.
8	V_{CC}	Power Supply, 5 V ± 5%.

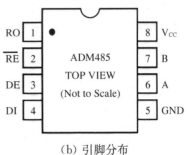

（a）引脚功能　　　　　　　　　　　　　　（b）引脚分布

图 1-87　ADM485 的元件资料

3. 根据图 1-88 提供的数据，创建 AT93C56A 的封装以及 3D 模型。要求如下：

（1）符合 TSSOP 式封装的封装尺寸；

（2）有正确的元件 3D 模型，且与给出的尺寸相符。

4. 根据图 1-89 提供的数据，创建 ADM485 的封装以及 3D 模型。要求如下：

（1）符合 TSSOP 式封装的封装尺寸；

（2）有正确的元件 3D 模型，且与给出的尺寸相符。

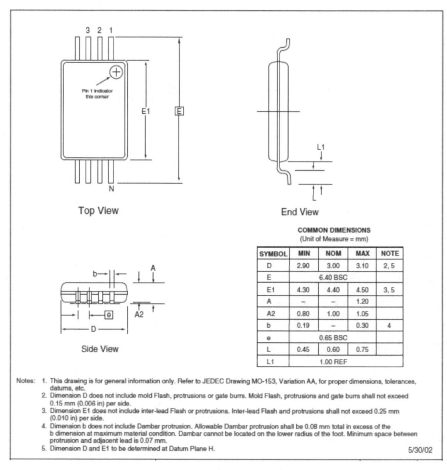

图 1 - 88　AT93C56A 的参考数据

8脚SOIC (SO-8)

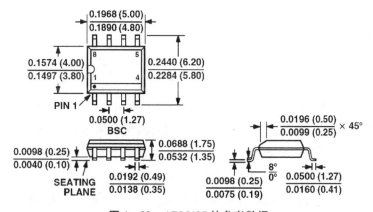

图 1 - 89　ADM485 的参考数据

5. 创建一个集成库,将项目实训 1 - 4 中创建的两个元件添加到这个集成库中,提交能够在任何地方使用的集成库。

项目 2　电路原理图设计

项目目标

- ➤ 熟悉电路原理图工作环境设置方法
- ➤ 掌握集成库文件加载和管理方法
- ➤ 掌握元件的查找、放置与编辑方法
- ➤ 熟悉元件布局与布线的规则
- ➤ 掌握电路原理图的编译及文件输出的方法

项目任务

- ➤ 设置电路原理图工作环境
- ➤ 加载和管理集成库文件
- ➤ 查找、放置与编辑元件
- ➤ 对元件进行布局与布线
- ➤ 对电路原理图进行编译并修改错误
- ➤ 输出相关文件

项目相关知识

Altium Designer 软件的前身是 Protel 软件，该软件在中国拥有广泛的用户。自 1985 年诞生 DOS 版 Protel 以来，历经面向 Windows 的 Protel 1.0、Protel 98、Protel 99 至 Protel 99SE，实现了电路设计到 PCB 分析的一体化。2002 年推出的 Protel DXP 及其后的 Protel DXP 2004，使得该软件成为完整的板级电子设计系统，包含了电路原理图绘制、信号仿真、多层印制电路板设计、可编程逻辑器件设计等功能。2006 年发布的 Altium Designer 6.9，除继承先前一系列版本的功能外，全面集成了 FPGA 设计功能和 SOPC 设计实现功能，拓宽了板级设计的传统界限。2008 年相继发布的 Altium Designer Summer 8.0 和 Altium Designer Winter 09，将 ECAD 和 MCAD 两种文件格式结合在一起，同时加入了对 OrCAD 和 Power PCB 的支持能力，并推出全三维 PCB 设计环境，避免出现错误和不准确的模型设计。2011 年 3 月发布的 Altium Designer 10，提供了涵盖整个设计与生产生命周期的器件数据管理方案,提供器件数据的搜寻与管理,确保输出到制造厂商的设计数据具有准确性和可重复性,同时结构性的输出流程更确保了输出信息的完整性。Altium Designer 13 为设计者提供了一个强大的高集成度的板级设计发布过程,只需一键操作即可完成对设计和制造数据的打包,从而避免了人为交互中可能出现的错误,更重要的是该系统可以被直接链接到后台版本控制系统,使得电子产品的开发与管理实现从概念和设计、原型和产品到折旧和废弃的一体化电子设计解决方案。Altium Designer 14 和 Altium Designer 14.3 的相继面世更好地支持了 3D 软硬复合设计,新增了以折叠状态导出刚柔结合 PCB 3D STEP 文件的功能,工程师能够在机械设计工具中打开折叠的刚柔结合板模型,确保在形态和装配上的准确性。此外,还可以对 PCB 进行诸如连接性检查和热流等方面的详细分析。除了加强装配变量和 3D STEP 导出方面的支持外,Altium Designer 14.3 还改善了原理图线路拖曳功能,重点解决了如何在提高设计效率的同时保持线路连通性的问题,包括针对线路重叠、网络标签、连接节点等处理功能的改进。本书将以 Altium Designer 14.3 版本软件为例,通过项目案例就该软件在集成元器件库操作、原理图绘制、PCB 设计,以及生成 PCB 制造与装配文件四个模块的应用进行详细介绍。

启动 Altium Designer 软件,出现如图 2-1 所示的系统界面,包括菜单栏、导航栏、工具栏、工作区和工作区面板。

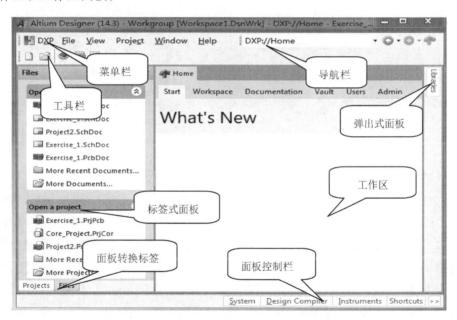

图 2-1　Altium Designer 的基本工作界面

1　菜单栏

菜单栏包括 DXP(系统)菜单、File(文件)菜单、View(查看)菜单、Project(工程)菜单、Window(窗口)菜单和 Help(帮助)菜单。

1）DXP 菜单

DXP 菜单主要用于系统参数设置。在菜单栏上单击 DXP,出现如图 2－2 所示的 DXP 菜单,用户可以访问和修改工作环境参数,还可以访问序列号和服务器信息等,其中较常用的设置选项包括 My Account(我的账户)、Customize(自定义)和 Preferences(参数设置)。

图 2－2　DXP 菜单

（1）My Account:主要用于访问序列号和服务器信息等。

（2）Customize:用于自定义用户界面,如修改、删除菜单栏(选项),创建或修改快捷键。

（3）Preferences:用于设置系统工作环境和各模块的参数。在 DXP 菜单中单击 Preferences 选项,打开如图 2－3 所示 Preferences 对话框,对话框左侧列出了系统中所有需要设定参数的工程,一般情况下采用系统默认设定即可,但也可以进行一些个性化设置,同时可以设定系统的默认文件存放目录和库文件存放目录。

Altium Designer 的汉化也是在 Preferences 对话框中进行设置的。勾选图 2－3 中右下方的 Use localized resources(使用本地化资源)复选框,点击 OK 按钮,弹出一个新设置应用警告对话框,如图 2－4 所示,点击 OK 按钮。重启 Altium Designer,可以看到软件变为中文界面的。

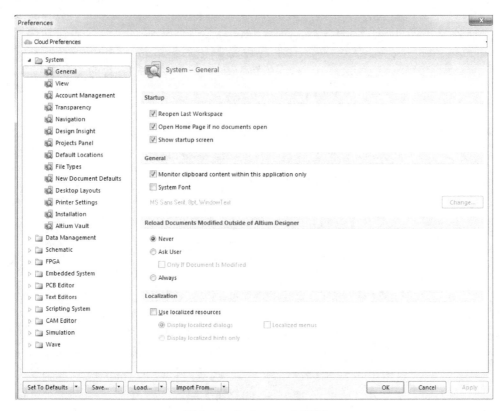

图 2 - 3　Preferences 对话框

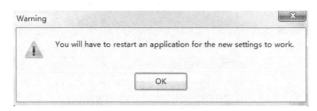

图 2 - 4　新设置应用警告对话框

2) File 菜单

File 菜单用于文件/工程的新建、打开、保存、导入等,如图 2 - 5 所示。

在 File 菜单中,Smart PDF(智能 PDF)选项用于生成 PDF 格式的设计文件向导。Import Wizard(导入向导)选项用于将其他 EDA 软件生成的设计文件及库文件导入 Altium Designer,如导入 Protel 99SE、P-CAD、Orcad 等软件生成的设计文件。

3) View 菜单

View 菜单用于设置 Toolbars(工具栏)、Workspace Panels(工作区面板)、Status(状态栏)、Command Status(命令行)的显示和隐藏等,如图 2 - 6 所示。

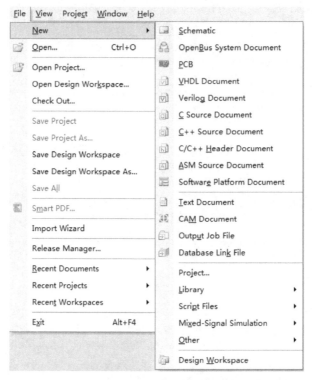

图 2-5　File 菜单

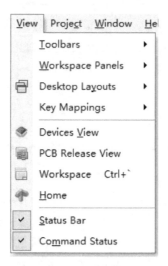

图 2-6　View 菜单

　　(1) Toolbars(工具栏)子菜单用于设置导航栏和工具栏的显示和隐藏,如图 2-7(a)所示。

　　(2) Workspace Panels(工作区面板)子菜单用于控制各类工作区面板的显示和隐藏,共有 4 个选项,分别是 Design Compiler(设计编译器)、Help(帮助)、Instruments(工具)、System(系统),可设置相应的面板是否在工作界面上显示,如图 2-7(b)所示。如 Design

Compiler 选项用于控制设计编译器相关面板的打开和关闭，包括编译过程中的差异、编译错误信息、编译对象调试器及编译导航栏等。

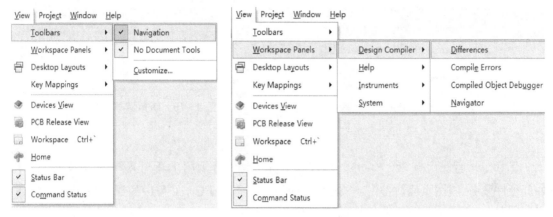

（a）Toolbars 子菜单　　　　　　　（b）Workspace Panels 菜单

图 2-7　Toolbars 和 Workspace Panels 子菜单

4）Project 菜单

Project 菜单主要用于整个设计工程的编译、分析和版本控制，如图 2-8 所示。

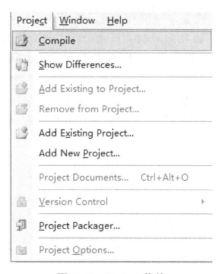

图 2-8　Project 菜单

5）Window 菜单

Window 菜单主要用于对当前工作窗口中打开的所有设计文件进行管理，如对打开的所有设计文件进行水平排列、垂直排列或关闭，如图 2-9 所示。

6）Help 菜单

Help 菜单用于打开帮助文件，如图 2-10 所示，用户可根据需要查找各种帮助信息。

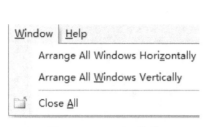

图 2-9   Window 菜单   图 2-10   Help 菜单

2 工具栏

工具栏只有 5 个按钮   ，分别用于新建文件、打开文件、打开外部硬件设备、视图页面、打开工作区控制面板。当打开 PCB 工程中的原理图设计文件或 PCB 设计文件时，会发现工具栏中的资源发生明显变化。

3 导航栏

导航栏列出了当前活动文档的路径，可以在当前打开的所有文档之间进行切换，也可以打开 Altium Designer 的起始页面。

4 工作区面板

工作区面板包括弹出式面板、标签式面板、面板转换标签和面板控制栏。Altium Designer 中的面板分为系统面板和编辑器面板两类。系统面板是在任何编辑环境下都有的面板，如 Library(库文件)面板和 Project(工程)面板；编辑器面板则是在特定的编辑环境中才会出现的面板，如 PCB 编辑环境中的 Navigator(导航器)。无论哪种面板，都需要通过如图 2-1 中右下角的面板控制栏来激活，可以同时激活多个面板，这时它们以标签的形式存在。

如图 2-11 所示，每个面板都有 3 种工作状态：弹出/隐藏、锁定和浮动。

(a) 弹出/隐藏状态   (b) 锁定状态   (c) 浮动状态

图 2-11   工作区面板的三种工作状态

1) 弹出/隐藏状态

弹出/隐藏状态的面板如图 2-11(a)所示,面板标题栏上显示 ▼ ⊨ ✖ 按钮,单击滑轮按钮 ⊨ ,发现滑轮按钮 ⊨ 变为图钉按钮 ⯗ ,即面板工作状态由弹出/隐藏状态变为锁定状态。

2) 锁定状态

锁定状态的面板如图 2-11(b)所示,面板标题栏上显示 ▼ ⯗ ✖ 按钮,单击图钉按钮 ⯗ ,发现图钉按钮 ⯗ 变为滑轮按钮 ⊨ ,即面板工作状态由锁定状态变为弹出/隐藏状态。

3) 浮动状态

浮动状态的面板如图 2-11(c)所示,面板标题栏上显示 ▼ ✖ 按钮。若要将面板从浮动状态恢复到锁定状态,可按住鼠标左键并将面板往工作区中间拖,此时会出现两个浮动的箭标 ◁ ▷ ,将面板拖动到左侧箭标处放下,面板就会被锁定在工作区左侧,反之面板就会被锁定在工作区右侧。要使处于弹出/隐藏状态或锁定状态的面板变为浮动状态,只需将面板拖动到工作区中希望放置的地方即可。

如图 2-12 所示,按住鼠标左键并拖动面板,此时工作区中会出现四个方向不同的小箭头。

- 拖动面板至左箭头处释放,面板将变成标签式面板;
- 拖动面板至右箭头处释放,面板将变成弹出/隐藏式面板;
- 拖动面板至向上的箭头处释放,面板将变成上贴式面板;
- 拖动面板至向下的箭头处释放,面板将变成下贴式面板;
- 拖动面板停靠在工作区的其他位置,面板将变成浮动式面板。

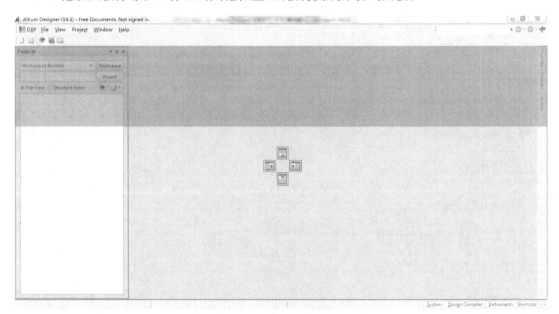

图 2-12 工作面板停靠状态的设置

创建/打开不同类型的设计文件时,如原理图文件和 PCB 文件,菜单栏、工具栏中的资源不同,对应的工作区面板及面板按钮内容亦不同。

任务 2.1   电路原理图的工作环境设置

任务目标

> 学会灵活设置电路原理图工作环境

任务内容

> 设置电路原理图工作环境参数

任务相关知识

要设计电路板,首先必须将电路板的工作原理及各元件的作用、连接关系等用电路语言表达出来,这就需要绘制电路原理图,电路原理图直接体现了电子电路的结构和工作原理。电路原理图的绘制主要包括电路原理图工作环境的设置,集成库的加载与管理,元件的查找、放置与编辑,元件的布局与布线,以及电路原理图的编译与文件输出等内容,本任务将详细介绍这些内容。

在绘制电路原理图前,首先要进行图纸设置,包括图纸的大小、方向、标题、网格等参数设置。图纸参数设置得当,绘制的电路原理图才会美观,设计时也更得心应手。电路原理图编辑环境如图 2-13 所示,整个界面可分为若干个工具栏和面板,下面简要介绍各工具栏的功能。

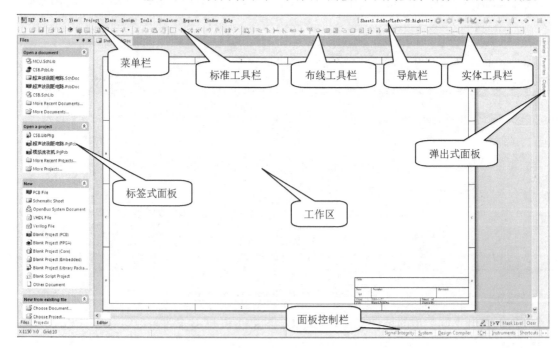

图 2-13   电路原理图编辑环境

（1）菜单栏：对电路原理图的各种编辑操作都可以通过菜单栏中的相应命令来实现。

（2）标准工具栏：该工具栏提供新建文件、保存文件、视图调整、器件编辑和选择等功能。

（3）布线工具栏：该工具栏提供了电气布线时常用的工具，包括放置导线、总线、网络标号、层次式原理图设计工具，以及和 C 语言的接口等快捷方式。该工具栏中的工具在 Place 菜单中有对应的命令。

（4）实体工具栏：通过该工具栏用户可以方便地放置常见的电气元件、电源和地网络，以及一些非电气图形，并可以对元件进行排列等操作。该工具栏中的每一个按钮均包含了一组命令，可以单击按钮来查看并选择具体的命令。

（5）导航栏：该栏列出了当前活动文档的路径，可以在当前打开的所有文档之间进行切换，也可以打开 Altium Designer 的起始页面。

任务实施

1　新建 PCB 工程及原理图文件

（1）在 F:\PCB\Source 文件夹中新建一个文件夹并命名为"Project2"，用来存储所创建的文件。

（2）执行菜单命令 File|New|Project，新建一个 PCB 工程，命名为"单片机实验板"，如图 2-14 所示，单击 OK 按钮完成工程建设，如图 2-15 所示。

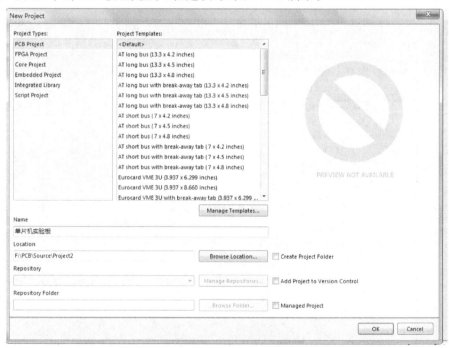

图 2-14　新建 PCB 工程

图 2‐15　PCB 工程创建完成　　　　图 2‐16　为工程添加原理图文件

（3）执行菜单命令 File|New|Schematic，新建一个原理图文件，命名为"单片机实验板"，并将该原理图添加到单片机实验板的 PCB 工程中，如图 2‐16 所示。

（4）执行菜单命令 File|Save，保存所建工程及原理图文件。

2　设置原理图工作环境

（1）系统参数设置

执行菜单命令 DXP|Preferences，打开 Preferences 对话框，选择 Schematic 节点下的 Graphical Editing 选项，在右侧的选项区域选中 Convert Special Strings 复选框，如图 2‐17 所示。

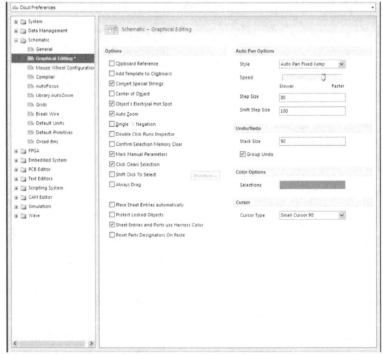

图 2‐17　Preferences 对话框

（2）图纸参数设置

为了适应实际工作的需要，要对原理图图纸的大小、形状、标题栏、设计信息等内容进行设置。双击 Projects 面板中的单片机实验板.SchDoc 文件，进入原理图编辑环境，如图 2-18 所示。

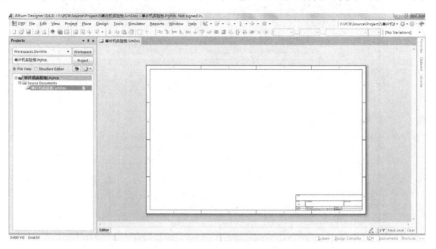

图 2-18　原理图编辑界面

执行菜单命令 Design|Document Options，弹出 Document Options 对话框，单击该对话框的 Sheet Options 选项卡，在 Standard Style 和 Custom Style 选项组中可以进行图纸尺寸的设置；在 Options 选项组中可以设置图纸的边界、颜色、标题栏形状等内容；在 Grids 和 Electrical Grid 选项组中可以设置捕获网格、可视网格、电气网格的大小。单片机实验板原理图的参数设置如图 2-19 所示：图纸尺寸设为 A3，捕获网格和可视网格大小均设为 10，电

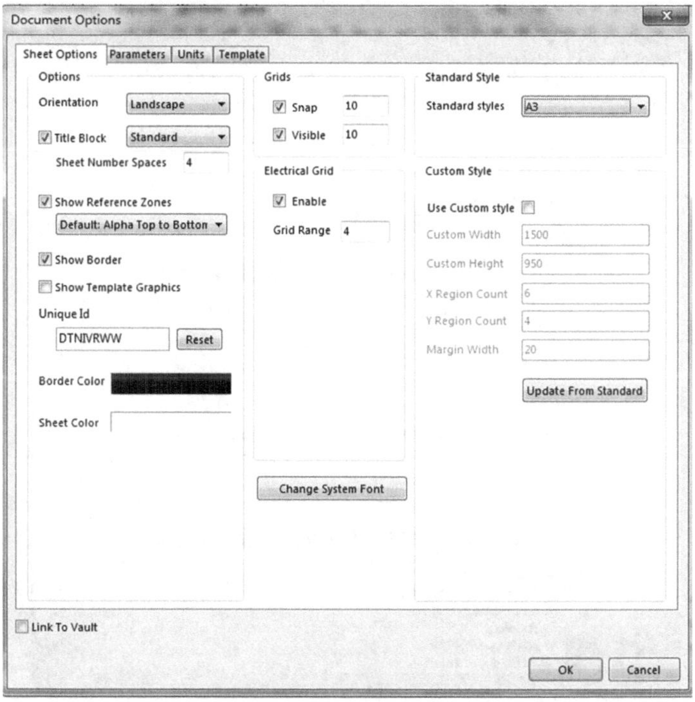

图 2-19　Sheet Options 选项卡

气网格大小设为 4。Parameters 选项卡的设置如图 2 - 20 所示：将 DrawnBy 参数值设为自己的姓名，Title 参数值设为"单片机实验板"，SheetNumbers 参数值设为 1，SheetTotal 参数值设为 1。

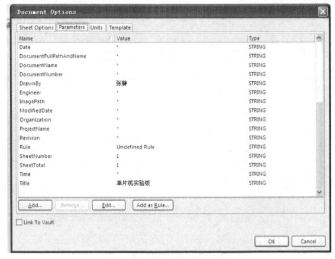

图 2 - 20   Parameters 选项卡

3   标题栏内容的显示

执行菜单命令 Place|Text String，在图纸右下角标题栏的 Title、Number、Sheet of、Drawn By 栏依次放置 4 个文本字符串，并将 Text 内容分别改为＝Title、＝SheetNumber、＝SheetTotal、＝DrawnBy，如图 2 - 21 所示，系统将自动显示标题栏内容，如图 2 - 22 所示。

图 2 - 21   标题栏内容设置

图 2 - 22　标题栏内容显示

任务 2.2　集成库的加载与管理

任务目标

➤ 掌握集成库的加载方法
➤ 掌握集成库的管理方法

任务内容

➤ 加载和管理集成库

任务相关知识

Altium Designer 14 的集成库非常庞大,但是分类明确,采用两级分类的方法来对元件进行管理,调用元件时只需找到相应公司的相应元件种类就可方便地找到所需的元件。

单击弹出式面板栏上的 Libraries 标签,打开如图 2 - 23 所示的 Libraries(集成库)弹出式面板。如果弹出式面板栏上没有 Libraries 标签,可在工作区底部的面板控制栏中单击 System 菜单,选择其中的 Libraries 即可显示 Libraies 面板。

单击当前集成库的下拉列表可以看到系统已经载入好几个集成库,其中 Miscellaneous Devices. IntLib 通用元件库和 Miscellaneous Connectors. IntLib 通用插件库是绘制原理图时用得最多的两个库。选中元件列表中的某个元件,在下方会出现该元件的原理图符号预览,同时还会出现该元件的其他可用模型,如 Simulation(仿真分析)、Signal Integrity(信号完整性)和 Footprint(PCB 封装);选中 Footprint,该元件的 PCB 封装就会以 3D 形式显示在预览框中,这时可以用鼠标拖动封装旋转,以便全方位查看封装。

为了节省系统资源,针对特定的原理图设计,通常只需加载少数几个常用的集成库文件就能满足需求,但是有时在现有的集成库中找不到自己所需的文件,这就需要另外加载集成库文件。

单击 Libraries 面板中左上角的 Libraries 按钮,打开如图 2 - 24 所示的 Available Libraries(当前可用集成库)对话框。在 Installed 选项卡中列出了系统当前所安装的集成库,在此可以对集成库进行管理,包括集成库的装载、卸载、激活以及顺序的调整。

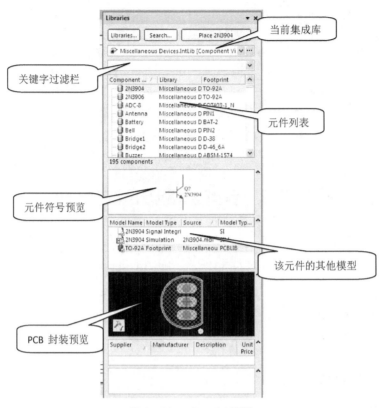

图 2 - 23   Libraries 面板

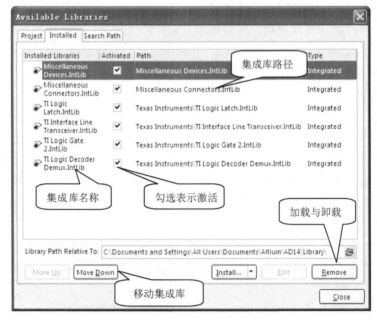

图 2 - 24   Available Libraries 对话框

　　如图 2 - 23 所示,对话框中列出了集成库的名称、是否激活、所在路径以及集成库的类型等信息。单击 Move Up 与 Move Down 按钮可在选中相应的集成库后将其位置上移或者下移,Install 按钮用来安装集成库,单击 Remove 按钮则可移除选定的集成库。

任务实施

　　在 Projects 面板中双击前面创建的单片机实验板. SchDoc 原理图文件,打开如图 2 - 25 所示的界面。

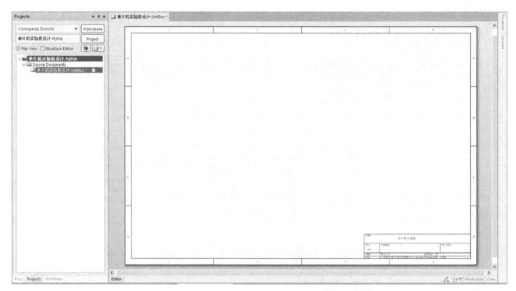

图 2 - 25　单片机实验板原理图编辑界面

　　单击 Libraries 面板中的 Libraries 按钮,打开如图 2 - 26 所示的 Available Libraries 对话框。

图 2 - 26　Available Libraries 对话框

单击 Install 按钮,在弹出菜单中选择 Install from file,在弹出的对话框中找到库文件 Miscellaneous Devices. IntLib,单击打开按钮,完成集成库 Miscellaneous Devices. IntLib 的加载。

按照同样的方法,加载 Miscellaneous Connectors. IntLib 以及自制集成库 MCU. IntLib、TI Logic Latch. IntLib、TI Interface Line Transceiver. IntLib、TI Logic Gate 2. IntLib、TI Logic Decoder Demux. IntLib 这 6 个集成库,加载集成库后的界面如图 2 - 27 所示。在图 2 - 27 所示界面中,选中某个集成库,单击 Remove 按钮,可以将该集成库从系统中卸载。及时卸载不用的集成库可以提高计算机的工作效率。至此,单片机实验板. PrjPcb 工程的集成库加载和管理工作就完成了。

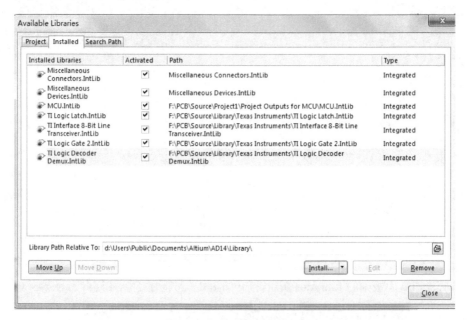

图 2 - 27　集成库加载界面

在 Altium Designer 14 版之后,系统默认只加载了 Miscellaneous Devices. IntLib 和 Miscellaneous Connectors. IntLib 这两个集成库,其他集成库需要到官网下载后才能加载。

任务 2.3　元件的查找、放置与编辑

任务目标

➤ 掌握元件的查找方法
➤ 掌握元件的放置方法
➤ 掌握元件的编辑方法

任务内容

➢ 查找、放置和编辑相关元件

任务相关知识

Altium Designer 14 提供的集成库十分丰富,因而即使知道元件所在的集成库并且元件已经加载到系统中了,也很难在众多的元件中找到自己所需的元件,在这种情况下可以使用元件筛选功能。元件筛选功能主要应用于知道元件的名称并且已经载入该元件所在的库,但是由于元件太多而不便于逐个查找的情况。在大多数情况下,设计者并不知道使用的元件的生产公司和分类,或者集成库中根本就没有该元件的原理图模型,此时设计者可以寻找不同公司生产的类似元件来代替,这就需要在系统集成库中搜寻自己所需的器件。

绘制电路原理图时首先要找到绘制电路所需的所有元件,然后放置元件。在 Libraries 面板中载入相应集成库,选中需要的元件,单击面板右上角的 Place ＊＊＊（＊＊＊为选中元件的名称）按钮,就可以在工作区放置该元件了。还可以使用 Place 菜单的 Part 命令或直接单击工具栏的 Place Part 按钮,在弹出的 Place Part(放置元件)对话框中选取所需的元件,如图 2-28 所示。

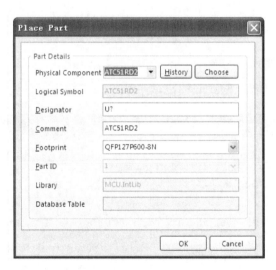

图 2-28　Place Part 对话框

图 2-27 中 Physical Component 下拉框中列出了最后一次放置的元件,单击该下拉框还可以看到最近几次放置的元件,单击 History 按钮则可以看到最近放置的元件的详细信息。该对话框还列出了最后一次放置的元件的详细属性信息。

单击 Place Part 对话框中的 Choose 按钮,弹出 Browse Libraries(集成库浏览)对话框,如图 2-29 所示。该对话框与 Libraries 面板较为相似,Libraries 面板能实现的功能在该对话框中都能实现。单击对话框中的…按钮,弹出 Available Libraries 对话框,在此可以加载或者卸载集成库。

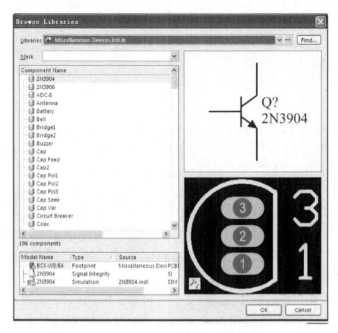

图 2 - 29　Browse Libraries 对话框

任务实施

1　查找与放置元件

在 Libraries 面板中单击 Search 按钮,打开如图 2 - 30 所示的元件搜索对话框。

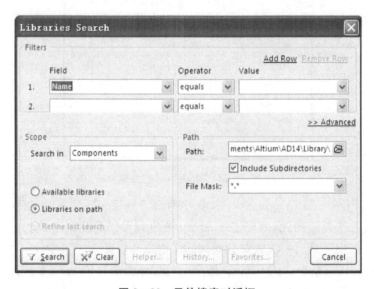

图 2 - 30　元件搜索对话框

如图 2 - 31 所示,在 Field 文本框中输入 Name,Operator 下拉列表中选择 contains,Value 文本框中输入 ＊74HC02＊,然后选中 Libraries on path 单选按钮,并在 Path 文本框

中输入查找路径,最后单击左下角的 Search 按钮,开始搜索 74HC02 元件。

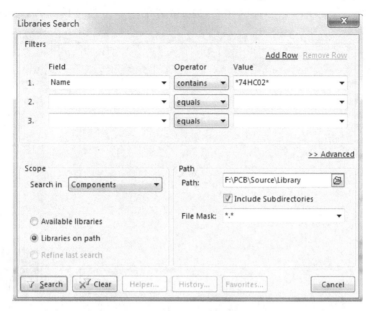

图 2 - 31　74HC02 元件的搜索对话框

搜索完毕,结果如图 2 - 32 所示。

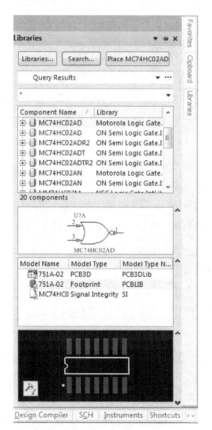

图 2 - 32　搜索到 74HC02 元件

　　在搜索结果中选中 SN74HC02D 并双击,将光标移至图纸上,此时光标上附着一个 SN74HC02D 图标,将鼠标移到工作区中合适的位置单击左键放置该元件,如图 2－33 所示。

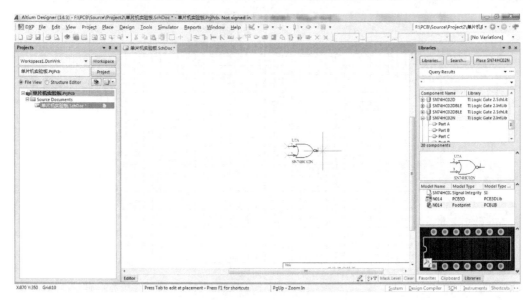

图 2－33　放置 74HC02 元件

　　用同样的方法将单片机实验板原理图所需的所有元件查找并放置到原理图编辑区。

2　编辑元件

　　Altium Designer 里面所有的元件都有详细的属性设置,包括元件的名称、标号、性能数值、PCB 封装,甚至生产厂家等,设计者在绘图时可根据自己的需要来设置元件的属性。

　　在图 2－33 中,双击元件 SN74HC02D,打开元件属性对话框,如图 2－34 所示,在该对话框中可以编辑元件属性。下面详细介绍元件的各属性设置。

　　(1) Properties(基本属性):该区域设置原理图中元件的最基本属性。包括 Designator、Comment、Description、Unique Id 和 Type 五个属性。

　　① Designator(元件标号):元件的唯一标识,用来标志原理图中不同的元件,在同一张原理图中不可能有重复的元件标号。不同类型的元件的默认标号以不同的字母开头,并辅以"?",如芯片类的默认标号为"U?",电阻类的默认标号为"R?",电容类的默认标号为"C?"。可以在每个元件的属性设置对话框中修改元件的标号,可以在放置完所有元件后再使用系统的自动编号功能来统一编号,还可以在放置第一个元件时将元件标号属性中的"?"改成数字"1",则之后接续放置的元件标号会自动以 1 为单位递增。元件标号属性还有 Visible(可见)和 Locked(锁定):Visible 用于决定该标号在原理图中是否可见;选中 Locked 复选框后元件的标号将不可更改。

　　② Comment(注释):通常设置为元件的性能数值,例如电阻的阻值或是电容的容量大小,可随意修改元件的注释而不会发生电气错误。Comment 属性下方还可以设置元件的 Part 属性。对于一些常见的数字逻辑芯片,像与门、非门等,在 Altium Designer 里面显示的是其数字逻辑符号而不是具体芯片的管脚排列,但是这一类芯片往往一片芯片中含有多个

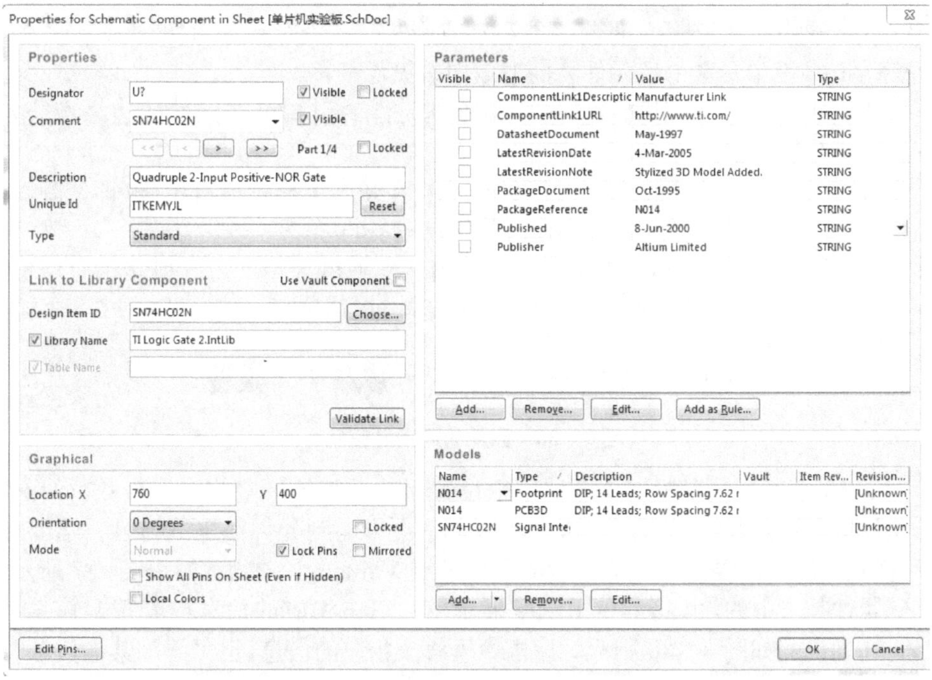

图 2-34　元件属性对话框

逻辑元件,如非门 74HC02 就含有 4 个逻辑单元,因此我们可以在如图 2-35 所示的对话框中设置该非门是 74HC02 内的哪个单元,默认是选择元件的第一个单元;点击 << 按钮可设置为元件的第一个单元;点击 >> 按钮可设置为元件的最后一个单元;点击 < 和 > 按钮则可设置为元件的前一个或后一个单元。

图 2-35　Part 属性设置

③ Unique Id(唯一 ID):系统的标识符,无需修改,采用默认值。

④ Type(元件的类型):可以根据需要选择 Standard(标准元件)、Mechanical(机械元件)、Graphical(图形元件)、Net Tie(网络连接元件)。本任务中选择 Standard 类型。

(2) Link to Library Component(集成库元件连接属性):在此列出了集成库元件的信息。

① Design Item ID(设计项 ID):元件所属的元件组,不用修改。

② Library Name(集成库名):元件所属的集成库,不用修改。

③ Validate Link(验证链接):元件的存放路径,自动加载。

(3) Graphical(图形属性):该区域设置元件模型的外观属性。

① Location X(X轴位置)、Location Y(Y轴位置):元件在图纸中位置的 X 坐标和 Y 坐标。

② Orientation(方向):元件的旋转角度,有时候元件的默认摆放方向不便于设计者绘图,可设置旋转元件的角度,有 0°、90°、180°、270°。

③ Locked(锁定)：锁定后元件将不能移动或旋转。

④ Mirrored(镜像)：选中后元件将向左或向右镜像翻转。

⑤ Lock Pins(锁定元件引脚)：未选中该项则元件的引脚可在元件的边缘部分自由移动，选中后引脚将被锁定。

⑥ Show All Pins On Sheet(Even if Hidden)［在图纸上显示所有引脚（即使隐藏）］：选中该项后将在图纸上显示元件的所有引脚，包括隐藏了的。

⑦ Local Colors(使用自定义颜色)：选中该项后会弹出如图 2-36 所示的自定义色块，可以点击相应的色块设置元件的填充颜色、外框颜色和引脚颜色。

图 2-36　元件的自定义颜色

（4）Parameters(参数设置)：该区域用来设置元件的其他一些非电气参数，如元件的生产厂家、元件信息链接、版本信息等，这些参数都不会影响到元件的电气特性。需要注意的是，对于电阻、电容等需要设定性能数值的元件还有 Value 这一参数，如图 2-37 所示，默认其 Visible 属性是选中的，也就是在图纸中显示值。双击相应的信息或者选定信息后单击 Edit 按钮，在弹出的如图 2-38 所示对话框中可修改相应的信息，也可添加其他信息。

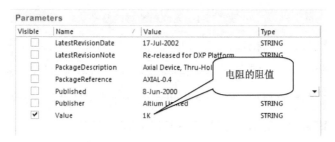

图 2-37　元件的参数信息

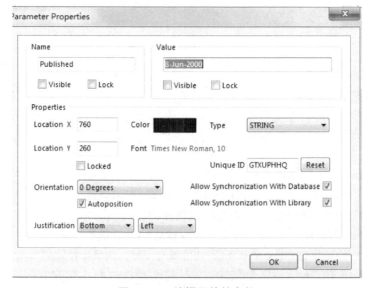

图 2-38　编辑元件的参数

（5）Models(元件模型)：该区域列出了元件所能用的模型，如图 2 - 39 所示，使用时可以点击 Add 按钮添加自己设计的模型或者修改模型。

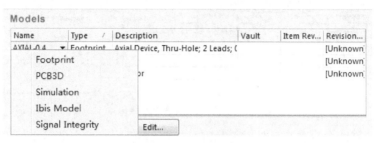

图 2 - 39　元件模型

按照前面介绍的方法，将单片机实验板原理图所需的元件都查找、放置到原理图编辑界面，并进行参数的修改。

任务 2.4　元件的布局与布线

任务目标

➢ 掌握元件的布局方法
➢ 掌握元件的布线方法

任务内容

➢ 对元件进行布局、布线

任务相关知识

(一) 元件的选取

选取、复制、剪切与粘贴是电路原理图编辑过程中用得最多的操作，对于一名熟练的绘图者来说，使用鼠标和快捷键就能完成大部分的元件编辑操作，但是通过菜单的相关命令有时候却能大大提高绘图的效率，下面分别详细讲解。

1　单个元件的选取

元件的选取包括选取单个元件和选取多个元件。选取单个元件的操作很简单，用鼠标左键直接单击相关元件就能使元件处于选中状态。如图 2 - 40 所示，当元件处于选中状态时，元件周围有绿色的方框，此时光标变成"＋"字箭头的形状，若是将光标停留在选中元件上一段时间不动的话，光标下将出现元件的提示信息。需要注意的是，不要把元件的选取与元件属性字符串的选取弄混了，单击元件的属性字符串，后字符串将处于选中状态，此时该字符串被绿色的虚线框包围，而元件周围则是白色的端点，再次单击字符串则字符串处于在线编辑状态,可对其内容编辑。

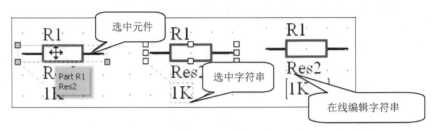

图 2-40　选取单个元件

有时候会遇到两个或多个元件重叠的现象,这时需要选取其中的某个元件并将其移走。如图 2-41 所示,电阻 R1 与电容 C2 重叠了,我们要选中其中的电容,可用鼠标单击选中任意一个,显示电阻 R1 被选中了,则再次单击鼠标选取,改成电容 C2 被选中。当有更多的元件重叠时,以此类推,元件会被轮流选取。

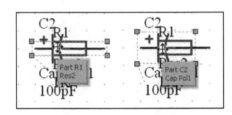

图 2-41　选取重叠元件

2　多个元件的选取

当需要对多个元件进行选取时,用鼠标左键在工作区内拖出一个矩形区域,在该区域内的元件都将被选中(只有整个元件都在区域内时才会被选中,如图 2-42 中左边所示的蜂鸣器 LS4 只有一半处在矩形选框内,因此将不会被选中)。

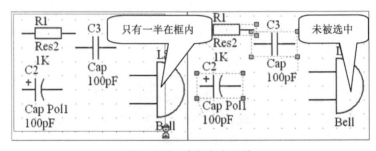

图 2-42　选取多个元件

当需要选取的多个元件呈不规则分布时,可以在按住键盘 Shift 键的同时用鼠标单击要选取的各个元件,此时所有被单击的元件将全部被选取。若要将处于选中状态的若干个元件中的一个取消选中,只需按住 Shift 键的同时用鼠标单击该元件。若要取消全部元件的选中状态则只需将鼠标移到工作区的空白位置单击左键即可。

3　选取元件相关的菜单命令

选取元件还可以通过系统菜单来完成。执行菜单命令 Edit|Select,弹出如图 2-43 所

示的 Select(选取)子菜单。

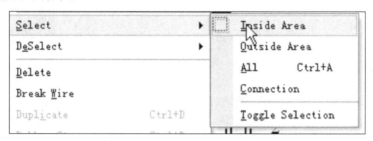

图 2 - 43 Select 子菜单命令

（1）Inside Area(区域内选取)：选择该命令后鼠标将呈现"×"形,此时可以在工作区拖出一个矩形区域来选取区域内的元件,相当于前文介绍的用鼠标拖出矩形区域来框选,快捷键为 S+I,单击工具栏的 按钮也可以进行区域内选取。

（2）Outside Area(区域外选取)：与区域内选取的区别是矩形区域外的元件被选中,其快捷键为 S+O。

（3）All(所有)：选取工作区的所有元件,快捷键是 Ctrl+A。

（4）Connection(连接)：选取实际连接,包括与该连接相连的其他连接,如导线、节点以及网络标号等。选择该命令后鼠标将呈现"×"形,单击某电气连接则该电气连接处于选中状态并放大铺满工作区显示,此时除了连接之外的所有元件均淡化显示;单击鼠标右键取消选择该命令;单击工作区右下方的按钮可取消淡化显示,该操作的快捷键为 S+C。

（5）Toggle Selection(切换选取状态)：选中该命令后鼠标将呈现"×"形,单击工作区的元件,元件的选取状态将反转,即以前处于选中状态的将取消选中状态,以前处于未选中状态的将转为选中状态,其快捷键为 S+T。

Edit 菜单中还有一个专门用于取消选取的子菜单 DeSelect,如图 2 - 44 所示。

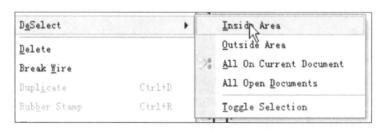

图 2 - 44 DeSelecl 子菜单命令

（1）Inside Area(区域内取消选取)：与区域内选取刚好相反,矩形区域内的元件将被取消选取。

（2）Outside Area(区域外取消选取)：与区域外选取刚好相反,矩形区域外的元件将被取消选取。

（3）All On Current Document(当前文档中的所有)：取消选取当前文档中所有处于选中状态的元件与连线。也可以通过工具栏的 按钮执行该命令。

（4）All Open Document（打开文档中的所有）：取消选取当前打开文档中所有处于选中状态的元件与连线。

（5）Toggle Selection（切换选取状态）：与 Select 子菜单中的该命令作用相同。

（二）元件的剪切板操作

用过 Word 编辑软件的都知道，Word 的剪切板功能十分强大，能够存储若干次剪切或复制到剪切板的内容，Altium Designer 14 也拥有这一功能，在原理图编辑环境（图 2-13）中单击右边弹出式面板栏上的 Clipboard 标签，弹出如图 2-45 所示的 Clipboard（剪切板）面板。若是弹出式面板栏上没有 Clipboard 标签，可在工作区右下方的面板控制栏中单击 System 菜单，选择其中的 Clipboard 即可显示 Clipboard 面板。

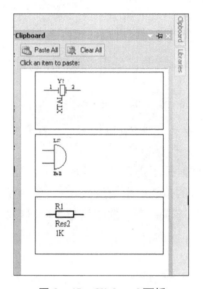

图 2-45　Clipboard 面板

1　元件的复制

复制或剪切操作可将选中的元件放入剪切板中。当元件处于选中状态时，可以通过 Edit 菜单中的 Copy 命令、单击工具栏上的 按钮、使用快捷键 Ctrl+C 复制元件。

2　元件的剪切

当元件处于选中状态时，可以通过 Edit 菜单中的 Cut 命令、单击工具栏上的 按钮、使用快捷键 Ctrl+X 剪切元件，剪切后该元件将不存在。

3　元件的粘贴

可以通过 Edit 菜单中的 Paste 命令、单击工具栏上的 按钮、使用快捷键 Ctrl+V 粘贴最近一次剪切或复制的内容。在 Altium Designer 14 中，不止可以粘贴最后一次剪切或复制的内容，Altium Designer 14 的剪切板采用堆栈结构，可以存储多次剪切或复制的内容，只不过每次粘贴都是默认使用最后一次剪切或复制的内容，要想粘贴以前的内容可以单击相应的内容,要想将剪切的元件全部粘贴可单击 Clipboard 面板上方的 Paste All 按钮,系统会将元件依次粘贴到工作区,单击 Clear All 按钮可清除剪切板中的所有内容。

4　其他复制操作

要想快速地在工作区放置相同的元件,可在按住 Shift 键的同时用鼠标左键拖动相应的元件,如图 2-46 所示,此时元件的标号会自动增加。也可以使用 Edit 菜单中的 Duplicate 命令,则在原选中元件的右下方会重叠一个一样的元件,连标号都一样,如图 2-47 所示,可自行将其移至其他地方。还可以用橡皮图章工具,选取元件后单击 Edit 菜单中的 Rubber Stamp 命令,光标上会附着一个新的元件,可在工作区多次单击放置元件,如同从 Libraries 面板放置元件一样,只不过无论放多少元件,标号保持不变,如图 2-48 所示。

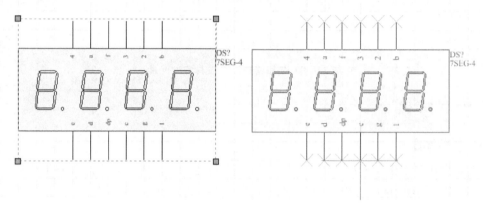

图 2-46　拖动鼠标复制元件

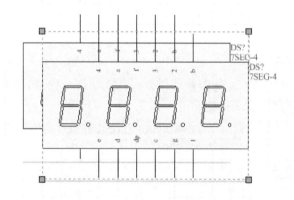

图 2-47　使用 Duplicate 命令复制元件

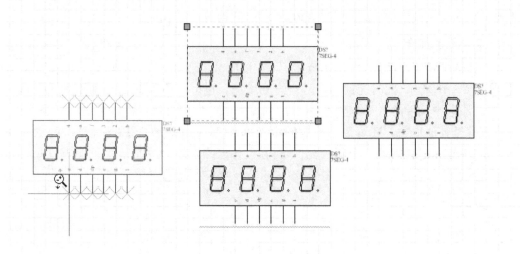

图 2 - 48　使用橡皮图章工具复制元件

（三）撤销与重做

1　撤销操作

执行 Edit 菜单中的 Undo 命令或者单击工具栏上的 ⤺ 按钮可以撤销上一步操作，多次单击 ⤺ 按钮可以撤销上几步的操作。该操作的快捷键是 Ctrl+Z。

2　重做操作

执行 Edit 菜单的 Redo 命令或者单击工具栏上的 ⤻ 按钮可以重做上一步操作，多次单击 ⤻ 按钮可以重做上几步的操作。该操作的快捷键是 Ctrl+Y。

（四）元件的移动与旋转

在 Altium Designer 14 中，元件的移动靠鼠标就能快捷地完成，若是熟悉了系统提供的其他移动操作则有助于绘图效率的提高。

通过鼠标操作时，首先左键单击需移动的元件，使元件处于选中状态，再按住左键，光标会移到最近的管脚上并呈"×"形悬浮状，此时就可以随意移动元件了。

同时移动多个元件怎么办？如图 2 - 49 中，要移动左右两边的元件，但保持中间数码管的位置不变。首先选中一个元件，然后按着 Shift 键的同时选中另一个元件，再拖动鼠标就可以移动这两个元件了。

除了鼠标操作，还可以使用菜单命令实件元件的移动与旋转，虽说比较繁杂，但是有些操作却是简单的鼠标操作难以完成的。单击 Edit 菜单中的 Move 命令，弹出如图 2 - 50 所示的 Move(移动)子菜单，下面来详细介绍各个命令的功能。

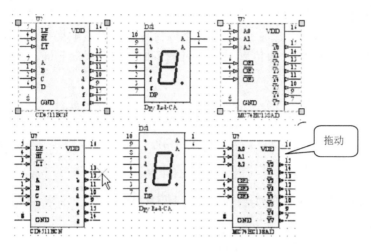

图 2 - 49　移动两个元件

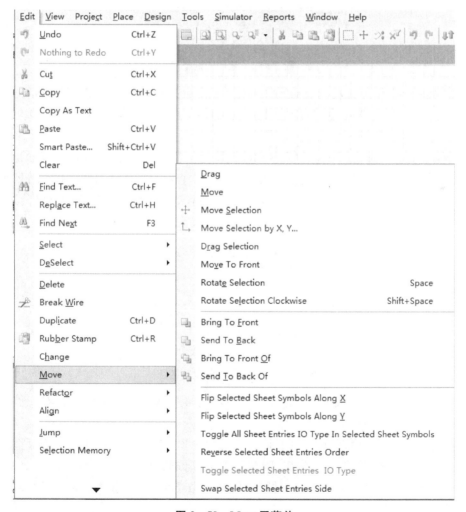

图 2 - 50　Move 子菜单

（1）Drag（拖拽）：保持元件之间的电气连接不变，移动元件的位置。如图 2-51 所示，单击该命令后，光标变为"×"形悬浮状，这时就可以保持电气连接地拖拽元件了，移动完成后单击鼠标右键退出拖拽状态。也可以按住 Ctrl 键同时用鼠标拖动元件，实现不断线拖拽。

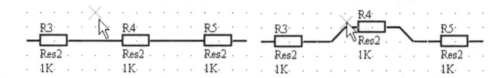

图 2-51 元件的拖拽

（2）Move（拖动）：元件的拖动与拖拽类似，只不过移动时不再保持原先的电气关系，如图 2-52 所示。

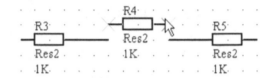

图 2-52 元件的拖动

（3）Move Selection（拖动选定的元件）：与 Move 命令类似，只不过先要使移动的元件处于选中状态，然后执行该命令，再单击元件就可以移动了。该命令主要用于多个元件的移动。

（4）Move Selection by X，Y（将元件移动到指定的位置）：首先选中需要移动的元件，然后单击该命令，弹出如图 2-53 所示的对话框，其中 X 表示水平移动，右方向为正；Y 表示垂直移动，上方向为正，在文本框中填入所需移动的距离，单击 OK 按钮确认，元件即移动到指定位置。

图 2-53 元件移动位置对话框

（5）Drag Selection（拖拽选中对象）：该命令功能与 Move Selection 类似，在元件移动过程中保持电气连接不变。

（6）Move To Front（移至最顶层）：该命令是针对非电气对象的，如图 2-54 所示，椭圆形与矩形相重叠，椭圆置于顶层，要将矩形移至顶层，则先单击 Move To Front 命令，再单击矩形，矩形就移至工作区的最顶层，此时矩形仍处于悬浮状态，可拖动鼠标将矩形移动到工作区的任何位置。

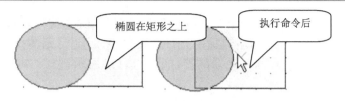

图 2－54　将矩形移至最顶层

（7）Rotate Selection（逆时针旋转选中元件）：首先选中元件，然后执行该命令，则选中的元件逆时针旋转 90°，每执行一次该命令，元件便旋转 90°，可执行多次。该命令的快捷键为空格键。

（8）Rotate Selection Clockwise（顺时针旋转选中元件）：首先选中元件，然后执行该命令，则选中的元件顺时针旋转 90°，每执行一次该命令，元件便旋转 90°，可执行多次，如图 2－55 所示。该命令的快捷键为 Shift＋空格键。

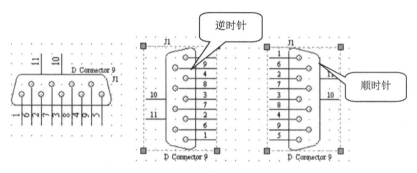

图 2－55　元件的旋转

（9）Bring To Front（移至最顶层）：与 Move To Front 命令功能类似，但该命令只能将非电气对象移至最顶层，移完后对象不能水平移动。

（10）Send To Back（移至最底层）：与 Bring To Front 命令功能类似，只不过是移至所有对象的最下面。

（11）Bring To Front Of（移至对象之上）：当有多个非电气对象重叠，需要调整各个对象的层次关系时使用。如图 2－55（a）所示，矩形在最底层，扇形在最顶层，椭圆处在中间。要将矩形移至椭圆之上，可执行 Bring To Front Of 命令，待光标变成"×"形悬浮状后，先单击要移动的矩形，再单击参考对象椭圆，移动后效果如图 2－55（b）所示。

（12）Send To Back Of（移至对象之下）：与 Bring To Front Of 命令功能类似。要将图 2－55（a）中的扇形移至椭圆之下，可执行 Bring To Back Of 命令，待光标变成"×"形悬浮状后，先单击要移动的扇形，再单击参考对象椭圆，移动后效果如图 2－56（c）所示。

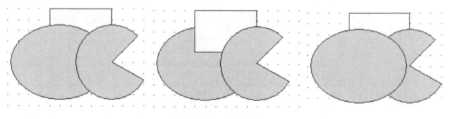

（a）椭圆在中间　　　　　　（b）矩形在椭圆之上　　　　　　（c）扇形在椭圆之下

图 2－56　元件的层移

前面已经介绍了通过 Move 子菜单实现元件的顺时针和逆时针旋转,其实元件还可以水平和垂直镜像翻转。单击鼠标左键选中元件并按住不放,此时元件处于悬浮状态,如图 2-57(a)所示,按 X 键则元件水平镜像翻转,如 2-57(b)所示;按 Y 键则元件垂直镜像翻转,如图 2-57(c)所示。

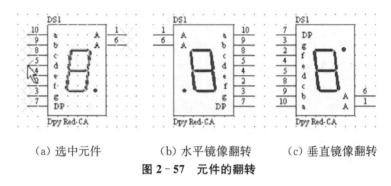

(a) 选中元件   (b) 水平镜像翻转   (c) 垂直镜像翻转

图 2-57 元件的翻转

(五) 元件的排列

放置好元件后,还要将元件排列整齐以便连线。Altium Designer 14 提供了一系列元件排列命令,使元件的布局更加方便、快捷。元件的排列针对的都是选中的对象,所以在执行排列命令前要选取一组对象。可以通过两种方式来执行排列命令:执行菜单命令 Edit|Align,弹出如图 2-58 所示的 Align(排列)子菜单;或者直接单击工具栏上的 ▤ ▾ 按钮,弹出如图 2-59 所示的排列命令按钮。Align 子菜单中的命令与工具栏上的按钮是相互对应的,现以菜单命令为例详细介绍各排列操作。

图 2-58 Align 子菜单

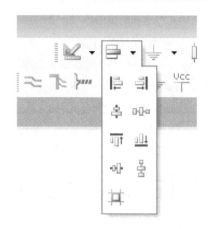

图 2 - 59   工具栏上的排列命令按钮

(1) Align(对齐):选中需要对齐的元件后执行该命令,则弹出如图 2 - 60 所示的对齐操作设置对话框,该对话框可分为三个部分。

图 2 - 60   对齐操作设置

① Horizontal Alignment(水平对齐):用于设置元件水平方向的对齐方式。

• No Change(不变):保持元件在水平方向的排列顺序不变。

• Left(左边):所有元件水平方向靠左对齐。

• Center(中间):所有元件水平方向居中对齐。

• Right(右边):所有元件水平方向靠右对齐。

• Distribute equally(均匀分布):所有元件水平方向等距离均匀分布。

② Vertical Alignment(竖直对齐):与水平对齐相对应,用于设置元件竖直方向的对齐方式。

• No Change(不变):保持元件在竖直方向的排列顺序不变。

• Top(顶部):所有元件竖直方向靠上对齐。

- Center(中间)：所有元件竖直方向居中对齐。
- Bottom(底部)：所有元件竖直方向靠下对齐。
- Distribute equally(均匀分布)：所有元件竖直方向等距离均匀分布。

③ Move Primitives to grid(移动元件到风格)：移动元件时，将元件对齐到附近的网络。

(2) Align Left(向左对齐)：执行该命令后所有元件以最左边的元件为基准靠左对齐。

(3) Align Right(向右对齐)：执行该命令后所有元件以最右边的元件为基准靠右对齐。

(4) Align Horizontal Centers(水平居中对齐)：执行该命令后所有元件以垂直方向的中线为基准水平居中对齐。

(5) Distribute Horizontally(水平分布)：执行该命令后所有元件水平方向上等距离分布。

(6) Align Top(向上对齐)：执行该命令后所有元件以最上面的元件为基准向上对齐。

(7) Align Bottom(向下对齐)：执行该命令后所有元件以最下面的元件为基准向下对齐。

(8) Align Vertical Centers(垂直对齐)：执行该命令后所有元件以水平方向的中线为基准垂直居中对齐。

(9) Distribute Vertically(垂直分布)：执行该命令后所有元件在垂直方向上等距离分布。

(10) Align To Grid(对齐到网格)：执行该命令后所有元件对齐到附近的网格。

水平和垂直对齐操作的效果图分别如图 2-61 和图 2-62 所示。

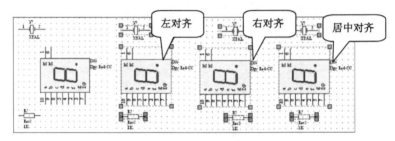

图 2-61　元件的水平对齐

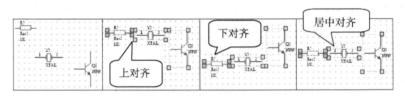

图 2-62　元件的垂直对齐

(六) 电气连接

排列好元件后，就得将具有电气关系的元件的端口或引脚连接起来。绘制电气连接有三种方法：绘制导线、绘制总线和放置线路标识，下面将详细描述。

1　绘制导线

导线是用来连接电气元件的具有电气特性的连线。执行 Place 菜单中的 Wire 命令或单击工具栏上的 按钮进入导线绘制状态,当光标移入工作区后会变成白色的"×"状,此时可在工作区的任意区域单击鼠标左键绘制导线的起始点。起始点可以是元件的引脚,当光标移至元件的引脚时,光标会自动捕捉到元件的引脚,此时光标变成红色的"*"状,单击即可选取元件引脚为起始点,如图 2-63 所示。选取起始点后便可拖动光标绘制导线,当光标移至另一个元件引脚时会变成红色的"×"状,单击引脚就完成了一段导线的绘制。此时光标仍处在导线绘制状态,可以继续连接其他的引脚,也可以按 ESC 键或单击鼠标右键退出导线绘制状态。

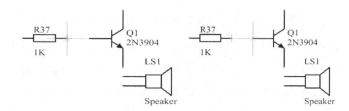

图 2-63　选择导线的起始点与终点

当绘制的导线的起始点和终点不在一条水平线或垂直线上时,导线会转弯以便垂直走线,但是在一条导线的绘制过程中,系统只会自动转弯一次,要想多次转弯,可在转弯处单击鼠标左键形成一个节点。系统有多种布线模式,包括垂直水平直角模式、45°布线模式、任意角度模式和自动布线模式,各种模式之间可通过按 Ctrl+空格键切换,在使用其中一种模式布线时还可按空格键改变转弯的方向。

系统默认的布线方式是垂直水平直角模式,如图 2-64 所示,可以按空格键改变直角转弯方向。

图 2-65 是 45°布线模式,转弯处可以是 90°或者 45°,按 Shift+空格键可改变转角方向。

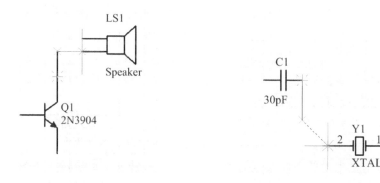

图 2-64　垂直水平直角模式　　　　图 2-65　45°布线模式

图 2-66 是任意角度和自动布线模式。任意角度模式下,转弯处没有固定的角度,直接

连接两个元件的引脚,如图 2-66(a)所示。自动布线模式下,系统自动寻找垂直水平直角模式下的最佳路径,先选出需连接的两个元件的引脚,此时路径呈虚线直接连接,如图 2-66(b)所示,确认后系统将自动连线,结果如图 2-66(c)所示。

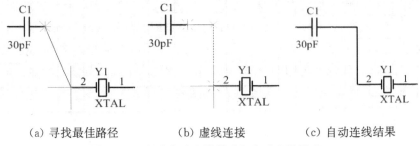

(a) 寻找最佳路径   (b) 虚线连接   (c) 自动连线结果

图 2-66 任意角度布线模式和自动布线模式

在进行自动布线时,单击 Tab 键进入如图 2-67 所示的自动布线模式设置对话框,其中 Time Out After(s)用于设定系统计算最佳布线路径时最多允许的计算时间,超过此时间则停止自动布线;Avoid cutting wires 用于设定自动布线时避免切除交叉布线的程度。

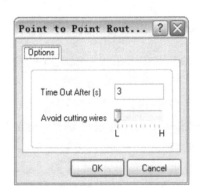

图 2-67 自动布线模式设置对话框

2 设置导线属性

和元件一样,导线也有自己的属性,可以在绘制导线时按 Tab 键或者在绘制完成后双击相应的导线打开如图 2-68 所示的导线属性编辑对话框。在 Graphical 选项卡中可以设置导线的线宽和颜色,导线默认的线宽是 Small,颜色是深蓝色,单击 Color 旁的颜色框可自定义颜色。系统提供了四种线宽:Smallest(最小)、Small(小)、Medium(中)、Large(大),单击 Wire Width 右边的线宽值可弹出选项并有预览。

导线可以被锁定,勾选图 2-68 所示对话框右下角的 Locked 复选框后,每当对该导线进行编辑操作就会弹出如图 2-69 所示的确认对话框,可以防止误操作。

导线属性设置对话框中的 Vertices 选项卡用来设置导线的节点位置。如图 2-70(a)所示,虽然该导线转了几个弯,但在电气上仍属于一条导线。该导线共有 6 个节点,包括两端的端点和中间的四个节点。图 2-70(b)分别列出了这 6 个节点的坐标值,可以双击坐标值进行编辑从而改变节点位置;可以单击 Add 按钮增加新的节点;可以单击 Remove 按钮删除

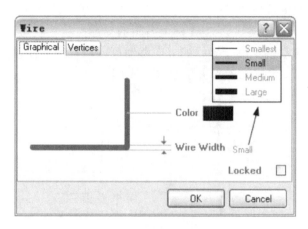

图 2 - 68　导线属性设置对话框

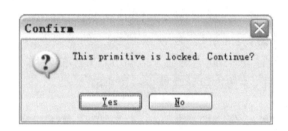

图 2 - 69　导线锁定确认对话框

选定的节点。单击 Menu 按钮将弹出节点设置菜单,可以实现和上面介绍的相同的功能,不再赘述。

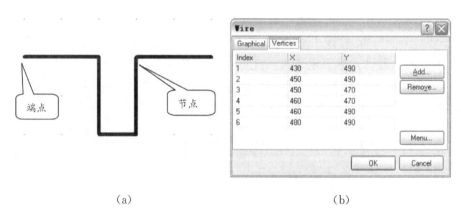

　　　　　(a)　　　　　　　　　　　　　　　(b)

图 2 - 70　导线节点设置

　　对导线可以在工作区直接用鼠标进行拖拽编辑,根据拖拽导线部位的不同,可以分为端点的编辑、中间节点的编辑、小节编辑。倘若一段导线有转弯现象,则该导线由若干小节即若干直线组成,每个转弯的拐点就是一个节点;整段导线的起始节点和终止节点称为端点。在用鼠标对导线进行编辑前首先要选中导线,即使导线呈绿色的选中状态,下面分别介绍导线的各种编辑方法。

（1）导线端点的编辑：如图 2 - 71 所示，首先选中需要编辑的导线，将光标移至导线的端点上（每段导线有且只有两个端点），当光标呈右斜的双箭头状后就可以按住鼠标左键并拖动端点进行移动了。拖动端点沿着导线的方向移动可以增长或缩短导线；沿斜方向移动则导线会自动增加一个节点和一段小节并沿直线走线；当端点移至与其相邻的节点时，两个节点会合并为一个端点，并使这段导线减小一段小节。

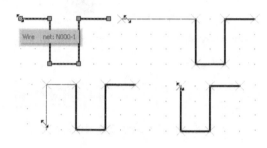

图 2 - 71　导线端点的编辑

（2）导线中间节点的编辑：如图 2 - 72 所示，与端点的编辑类似，当光标变成右斜的双箭头状后可以拖动节点进行移动，不同之处在于拖动节点并不能新增节点；当拖动节点至相邻的节点后，两个节点会合并，并使边段导线减少一段小节。

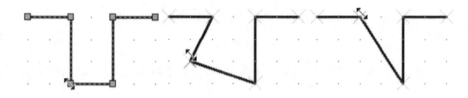

图 2 - 72　导线中间节点的编辑

（3）导线小节的编辑：导线小节的移动其实是两个节点的移动。如图 2 - 73 所示，当导线处于选中状态后，移动光标至导线的一节上，当光标变成"＋"字箭头状后就可以拖动该节导线移动了。拖动时本节导线的形状不会变化，但是与其相邻的导线会伸长、缩短或者变斜。当移动的小节导线与其他导线处于同一条直线上时，两节导线就会合并为同一节导线。

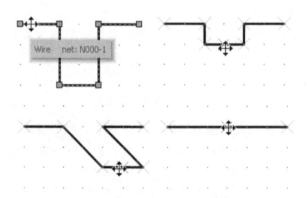

图 2 - 73　导线小节的编辑

3 放置节点

当两条导线相交并要确定电气连接时,就需要放置电气节点(junction),一般情况下绘制导线时,单击相交的导线,系统就会生成自动节点(auto-junction),但是自动节点在导线移动时可能会消失,所以有时候需要放置手工电气节点(manual-junction)。如图 2-74 所示分别为自动节点和手工节点,自动节点默认为蓝色的实心原点,而手工节点则为暗红色的十字纽扣状,有电气连接的手工节点外圈有蓝色的圆晕。

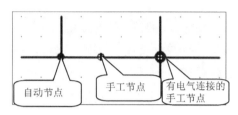

图 2-74 导线节点

放置手工节点可单击 Place 菜单的 Manual Junction 命令,或者使用快捷键 P+J。放置过程中按 Tab 键可设置节点的属性,如图 2-75 所示,手工节点的设置包括节点的颜色、位置、大小和锁定选项。单击 Color 旁的颜色框可以自定义颜色;可以直接编辑 Location 坐标值,从而改变节点位置;在 Size 下拉框可以选定节点的大小,系统默认值是 Smallest;选中 Locked 复选框可以锁定节点以防止误操作。

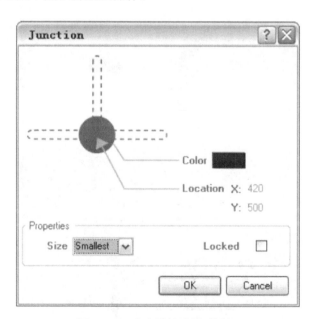

图 2-75 节点属性设置对话框

4 绘制总线

总线是一系列导线的集合,是为了方便布线而设计的一种线路,总线本身没有任何电气意义,只有和总线入口、总线标示组合才能起到电气连接的作用。总线分为数据总线和地址总线。利用总线和网络标号进行元件之间的连接可以简化原理图,使之更加清晰明了。

　　1) 绘制总线

　　选择 Place 菜单的 Bus 命令或单击工具栏上的 🔖 按钮进入总线绘制状态。总线其实就是较粗的导线,因此总线的绘制方法、属性设置与导线一样,在绘制总线过程中可以按下 Tab 键设置总线的属性,如图 2-76 所示,各属性项目与导线均相同,在此不赘述。

　　2) 放置总线入口

　　总线入口是总线与其组成导线之间的接口,总线入口与普通的导线连接没有本质的区别,所以总线入口也可以用普通的导线连接代替,如图 2-77 所示,两者之间的区别仅在于总线入口及其相连导线的连接端点为"+"形状。

　　选择 Place 菜单的 Bus Entry 命令或单击工具栏上的 🗡 按钮进入总线入口放置状态,放置过程中可以按空格键改变总线入口的状态,即总线入口的方向,共有 4 种,如图 2-78 所示。也可以按 Tab 键设置总线入口的属性,如图 2-79 所示。和导线一样,对总线入口也可以设置颜色、位置和线宽等属性。

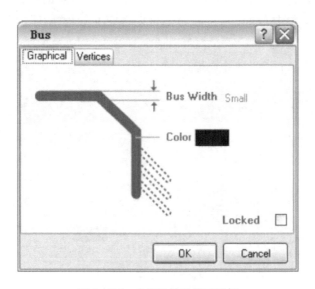

图 2-76　总线属性设置对话框

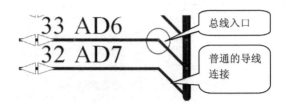

图 2-77　总线入口与普通的导线连接

图 2-78 总线入口的 4 种状态

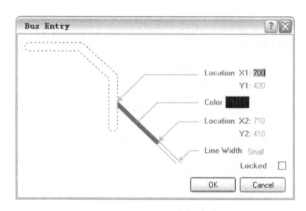

图 2-79 总线入口属性设置对话框

3）放置网络标号

网络标号是总线系统必需的,没有网络标号的总线没有任何实际的电气意义。总线所连接的两端的元件中具有相同标号的引脚将具备电气连接关系。由于总线系统常常用来表示芯片的地址总线和数据总线,所以与总线相连的各导线通常命名为 AD0～AD8 等。在放置第一个网络标号时,按下 Tab 键并将网络标号名改为 AD0,则以后放置的网络标号名会自动递增。网络标号的放置与设置将在下面详细讲解。

5 放置网络标号

在介绍总线的绘制时已经提到过网络标号的作用,其实网络标号的作用远不止如此。网络标号是一种无线的导线,具有相同网络标号的电气节点在电气关系上是连接在一起的,不管它们之间是否有实际的导线连接,对于复杂的电路设计,要将各种有电气连接的节点用导线连接起来是一件很不容易的事,往往会使电路变得难以阅读,而网络标号正好能够解决这个问题。

执行 Place 菜单的 Net Label 命令或单击工具栏上的 **Net]** 按钮进入网络标号放置状态。此时光标会变成白色"×"形状,上面粘附着一个网络标号,倘若网络标号中带有数字,那么每放置一次,网络标号中的数字将会自动增加 1。移动光标到导线上,单击左键就成功放置了网络标号,同时该导线网络名也更改为网络标号名。

在 Altium Designer 14 的电路设计中,每一条实际的电气连线都属于一个网络并拥有网络名,当鼠标停留在导线上一段时间,系统就会自动显示该导线所属的网络名。如图 2-80(a)所示,net：NetC3_1 是指该网络是连在电容 C3 的第一引脚上的,当放置名称为 AD1

的网络标号后,该网络的网络名就变成了 AD1。

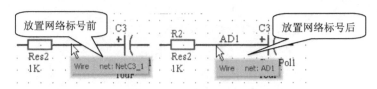

(a) 放置网络标号前网络名   (b) 放置网络标号后网络名

图 2 - 80   导线网络名的变化

网络标号最重要的属性就是所属网络的网络名,在放置网络标号时按 Tab 键或双击放置好的网络标号会弹出如图 2 - 81 所示的网络标号属性设置对话框。可以在 Net 文本框中填入网络标号的名称,或者在下拉文本框中选择已经存在的网络标号名,使之属于同一网络。另外还可以设置网络标号的颜色、位置、旋转角度和字体等。

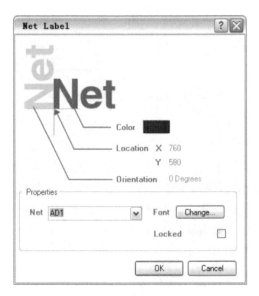

图 2 - 81   网络标号属性设置对话框

6   放置电源和接地

Altium Designer 14 提供了专门的电源和接地符号,统称为电源端口。电源和接地其实是特别的网络标号,只不过提供了比较形象的表示方法而已。电源和接地符号的网络名可以随便更改,并连接到任意网络。

单击 Place 菜单的 Power Port 命令或单击工具栏上的   按钮进入电源端口放置状态。Altium Designer 14 还提供了一个专门的电源端口放置菜单,单击工具栏上的 按钮,打开如图 2 - 82 所示的电源端口菜单,这里提供了常见的电源和接地符号,方便选择并放置。

在放置电源端口时按 Tab 键或双击放置后的电源端口进入电源端口属性设置对话框,

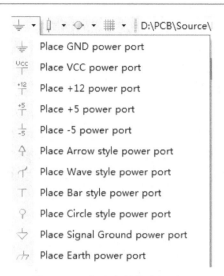

图 2 - 82　各式各样的电源端口

如图 2 - 83 所示,可以设置颜色、位置、旋转角度等。除此之外,还可以选择电源端口形状,只需单击 Style 右边的下拉框即可看到有 8 种形状可供选择,各个参数的意义如下:

Bar:条形端口。

Wave:波浪端口。

Power Ground:电源地。

Signal Ground:信号地。

Earth:大地。

GOST Arrow:三角箭头形端口。

GOST Power Ground:GOST 电源地。

GOST Earth:GOST 大地。

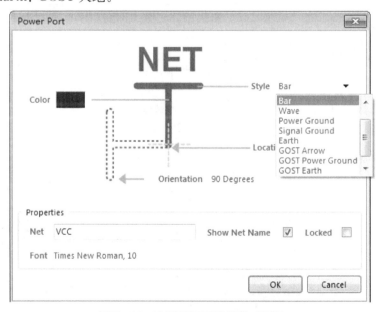

图 2 - 83　电源端口属性设置对话框

不论电源端口选择什么样的形状,起决定作用的都是电源端口的 Net 属性,即网络标号属性。此外,在图 2 - 83 中,Show Net Name 表示显示网络名属性,即在电源端口上面显示自身所属的网络。通常需要选中这一项,因为电源端口所属网络并不取决于端口的形状,而是由 Net 属性决定,若不显示很容易造成误读。

7　放置指示符

Altium Designer 14 为用户提供了一系列的指示符。指示符(Directives)本身不具有电气意义,也不会对电路的电气功能发生影响,但是它却为电路设计提供了附加功能,方便了用户的设计过程。单击 Place 菜单的 Directives 命令,弹出 Directives 子菜单,如图 2 - 84 所示,下面讲解一些常用的指示符功能。

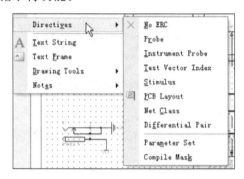

图 2 - 84　Directives 子菜单

（1）放置忽略错误规则检查

电气规则检查(Electrical Rule Check,ERC)是电路设计完成后必不可少的一步,它可以帮助设计者找出电路中常见的连接错误。但是有时候设计者并不需要对所有的元件或连接进行 ERC,这时只要在不需要进行 ERC 的元件引脚上放置 No ERC 标记即可。如图 2 - 85 所示,单片机实验板原理图中的单片机复位脚 RST 为输入引脚,但此时并没有信号输入,导致系统编译报错,可以放置 No ERC 标记来避免这种错误。执行菜单命令 Place | Directives | No ERC,将光标上粘附的红色"×"标记放置在报错的引脚上,再次编译,系统就不再报错了。

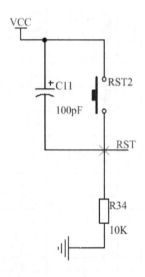

图 2 - 85　No ERC 命令执行效果

双击 No ERC 标记进入 No ERC 标记属性设置对话框,如图 2-86 所示,可设置标记的颜色和位置。

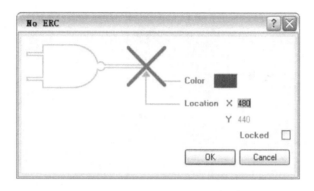

图 2-86　No ERC 标记属性设置对话框

(2) 放置编译屏蔽

No ERC 标记可以对单个元件的错误规则检查进行屏蔽,当有大量不同元件的不同错误需要屏蔽规划检查时可以使用 Compile Mask(编译屏蔽)命令,它让编译器在指定的区域内不进行规则检查。

在如图 2-87 所示的电路中,执行菜单命令 Place|Directives|Compile Mask,此时光标上会黏附一个矩形选框,在所要屏蔽的区域拉出合适大小的屏蔽区域,则选框内所有的错误都将被屏蔽,同时选框内所有被屏蔽的元件和导线连接等都呈暗灰色。

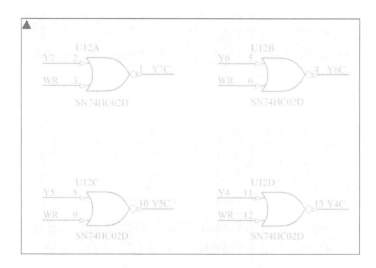

图 2-87　编译屏蔽效果

双击暗灰色的屏蔽层,在弹出的属性对话框中设置编译屏蔽的属性,如图 2-88 所示,可以设置屏蔽层的填充颜色(默认为暗灰色)和边框颜色,以及矩形选框的对角点位置。

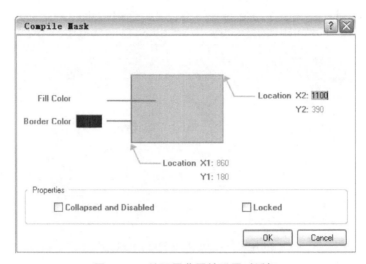

图 2 - 88　编译屏蔽属性设置对话框

　　编译屏蔽还有一个特殊的属性设置，那就是 Compile and Disabled，即取消编译屏蔽，选中此项后，屏蔽层将会收叠呈小三角形状，同时编译屏蔽功能失效。也可以在工作区内直接单击屏蔽层左上角的小三角形使屏蔽层消失，取消编译屏蔽功能；再次单击则恢复编译屏蔽功能。

　　（3）放置 PCB 布局

　　电路原理图设计中可能要对特定的电气连线进行特殊的 PCB 布线，对此可以使用 PCB Layout 命令。PCB Layout 命令不仅仅对特定的线路起到提示的作用，更可以将规则添加到 PCB 设计中，对下一步的 PCB 设计是非常有用的。

　　执行菜单命令 Place|Directives|PCB Layout，光标变成白色的"×"状并黏附 PCB Rule 标记，将光标上的 PCB Rule 标记放到合适的线路上，当光标变成红色的"×"状时就可以放置 PCB 布局了，如图 2 - 89 所示。

图 2 - 89　放置 PCB 布局

　　应用 PCB Layout 命令的关键是属性的设置。双击 PCB Rule 标记进入 PCB 布局属性设置对话框，如图 2 - 90 所示，新放置的 PCB Rule 标记是没有任何规则的，可以单击对话框左下角的 Add 按钮来添加提示信息（并不会设置为 PCB 布局规则），或单击 Add as Rule 按钮来添加 PCB 布局规则。

　　单击 Add as Rule 按钮，弹出如图 2 - 91 所示的 PCB 布局规则设置对话框，在此可以设置外观属性和具体的布线规则，单击 Edit Rule Values 按钮可以编辑具体的规则值。

　　添加规则后还要选中 Visible 复选框才能使规则在原理图上显示，如图 2 - 92 所示。

图 2 - 90　PCB 布局属性设置对话框

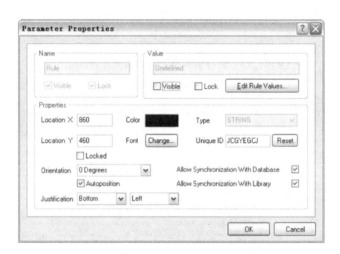

图 2 - 91　PCB 布局规则设置对话框

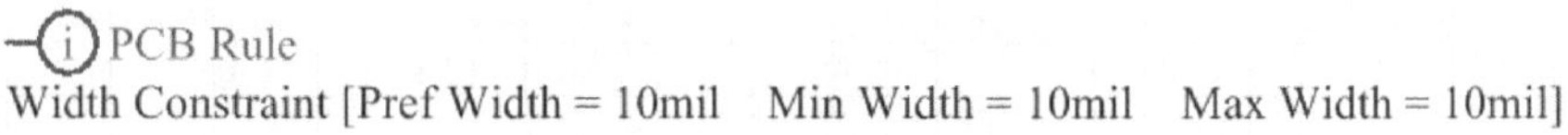

—①PCB Rule
Width Constraint [Pref Width = 10mil　Min Width = 10mil　Max Width = 10mil]

图 2 - 92　添加规则后的 PCB Rule 标记

任务实施

1　元件布局

按照前面介绍的方法,将单片机实验板原理图中所需的元件查找、放置到原理图编辑界面,并进行编辑,完成后的界面如图 2－93 所示,各元件所在的集成库在表 2－1 中列出。

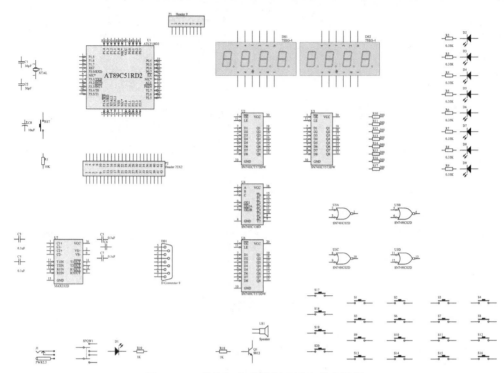

图 2－93 单片机实验板原理图元件布局图

表 2－1 各元件所在的集成库

元件名称	元件编号	所在集成库
单片机 AT89C51RD2	U1	MCU. IntLib
端口 Header22×2	P2	Miscellaneous Connectors. IntLib
排阻 Header 9	P1	Miscellaneous Connectors. IntLib
数码管 7SEG-4	DS1、DS2	MCU. IntLib
数码管驱动芯片 SN74HC573AN	U2、U3	TI Logic Latch. IntLib
3－8 译码器 SN74HC138N	U4	TI Logic Decoder Demux. IntLib
与非门 SN74HC02D	U5	TI Logic Gate 2. IntLib
发光二极管驱动芯片 SN74HCT573DW	U6	TI Logic Latch. IntLib
晶振 XTAL	Y1	Miscellaneous Devices. IntLib
三极管 9013	Q1	Miscellaneous Devices. IntLib
发光二极管	D1—D9	Miscellaneous Devices. IntLib
串口电平转换芯片 MAX232ACPE	U7	Maxim Communication Transceiver. IntLib
9 针接口 D-Connector 9	DB1	Miscellaneous Connectors. IntLib

续表

元件名称	元件编号	所在集成库
蜂鸣器 Speaker	LS1	Miscellaneous Devices.IntLib
按键	S1—S20	Miscellaneous Devices.IntLib
电解电容	C8	Miscellaneous Devices.IntLib
瓷片电容	C1—C7	Miscellaneous Devices.IntLib
电阻	R1—R19	Miscellaneous Devices.IntLib
电源插头 PWR2.5	J1	Miscellaneous Connectors.IntLib
电源开关	SPQW1	Miscellaneous Devices.IntLib

2　元件布线

按照前面介绍的方法,对图 2 - 93 进行接线,完成布线的单片机实验板电路原理图如图 2 - 94 所示。

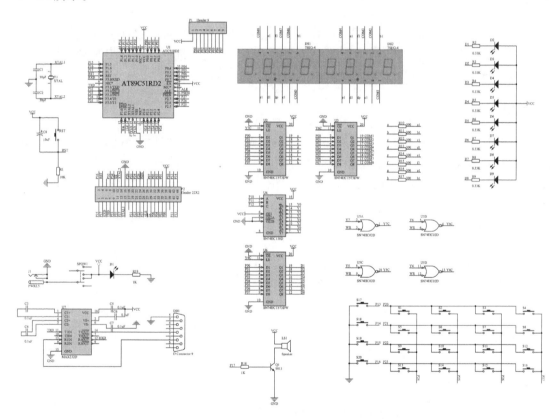

图 2 - 94　完成布线的单片机实验板电路原理图

任务 2.5 电路原理图的编译与文件输出

任务目标

> 掌握电路原理图的编译方法
> 掌握电路原理图的文件输出方法

任务内容

> 对电路原理图进行编译,要求无错误、无警告
> 输出各种相关文件

任务相关知识

在电路原理图设计完成后需要对它进行检查,Altium Designer 14 用编译功能代替了原先版本中的 ERC(电气规则检查),同时 Altium Designer 14 还提供了在线电气规则检查功能,即在绘制电路原理图的过程中就会提示设计者可能存在的错误。

(一) 错误报告设定

在编译工程前首先要对电气规则进行设定,以确定系统对各种违反规则的情况应做出何种反应,以及编译完成后系统输出的报告类型。

执行菜单命令 Project|Project Options,弹出如图 2 - 95 所示的工程选项设置对话框,在这里可以对 Error Reporting(错误报告)、Connection Matrix(连接矩阵)以及 Default Prints(默认输出)等参数进行设置。

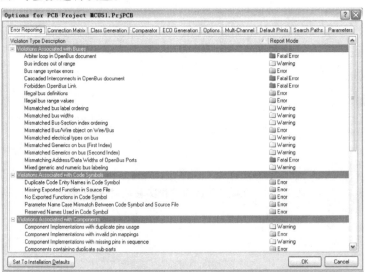

图 2 - 95 工程选项设置对话框

系统默认打开的是 Error Reporting 选项卡，提供了以下几大类的电气规则检查。

① Violations Associated with Buses：总线相关的电气规则检查；

② Violations Associated with Code Symbols：代码符号相关的电气规则检查；

③ Violations Associated with Components：元件相关的电气规则检查；

④ Violations Associated with Configuration Constraints：配置相关的电气规则检查；

⑤ Violations Associated with Document：文档相关的电气规则检；

⑥ Violations Associated with Harness：线束相关的电气规则检查；

⑦ Violations Associated with Nets：网络相关的电气规则检查；

⑧ Violations Associated with Others：其他电气规则检查；

⑨ Violations Associated with Parameters：参数相关的电气规则检查。

可以对每一类电气规则检查中的某个规则检查的报告类型进行设定，如图 2-96 所示，在需要修改的电气规则上单击鼠标右键，弹出规则设置菜单，各菜单项的意义如下所述。

① All Off(关闭所有)：关闭所有电气规则检查的条款；

② All Warning(全部警告)：所有违反规则的情况均设为警告；

③ All Error(全部错误)：所有违反规则的情况均设为错误；

④ All Fatal(严重错误)：所有违反规则的情况均设为严重错误；

⑤ Selected Off(关闭选中)：关闭选中的电气规则检查条款；

⑥ Selected To Warning(选中警告)：违反选中条款的情况提示为警告；

⑦ Selected To Error(选中错误)：违反选中条款的情况提示为错误；

⑧ Selected To Fatal(选中严重警告)：违反选中条款的情况提示为严重警告；

⑨ Default(默认)：恢复为默认状态。

单击某条电气规则的 Report Mode 设置区域，弹出报告类型设置下拉框，其中绿色为不产生错误报告(No Report)，黄色为警告提示(Warning)，橘黄色为错误提示(Error)，红色则为严重错误提示(Fatal Error)。

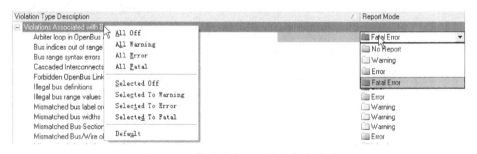

图 2-96　修改电气规则检查报告类型

(二) 连接矩阵设定

连接矩阵用来设置不同类型的引脚、输入和输出端口间的电气连接时系统给出的错误报告类型。在工程选项设置对话框中单击 Connection Matrix 标签进入 Connection Matrix 选项卡，如图 2-97 所示。

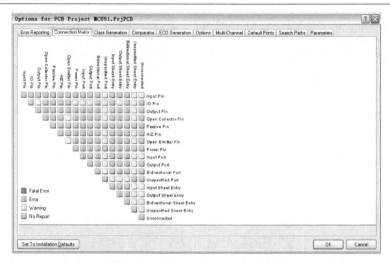

图 2-97   Connection Matrix 选项卡

各种引脚、输入和输出端口之间的连接关系用一个矩阵表示,矩阵的横坐标和纵坐标代表着不同类型的引脚、输入输和出端口,两者交点处的小方块则代表对应的引脚或端口直接相连时系统的错误报告类型。错误报告有 4 个等级:绿色为不产生错误报告,黄色为警告提示,橘黄色为错误提示,红色则为严重错误提示。要想改变不同端口连接的错误报告等级只需单击相应的小方块,其颜色就会在红、橘黄、黄和绿色之间依次变换。

任务实施

(一) 编译

电气规则编辑完成后就可以按照要求对电路原理图或工程进行编译。执行菜单命令 Project|Compile PCB Project 单片机实验板. PrjPCB,对整个工程中的所有文件进行编译,编译完毕,若电路原理图存在错误,系统将会在 Messages 面板中提示相关的错误信息,如图 2-98 所示,Messages 面板中分别列出了编译错误所在的原理图文件、出错原因以及错误报告等级。

图 2-98   编译错误信息提示

若要查看详细的错误信息,可在 Messages 面板中双击错误报告,弹出如图 2 - 99 所示的 Compile Errors(编译错误)面板,同时原理图编辑界面将跳转到原理图出错处,产生错误的元件或连线将高亮显示,便于设计者修正错误。

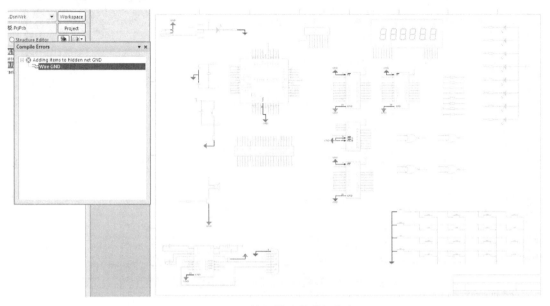

图 2 - 99   编译错误的详细信息

这里出现了四类警告:一是"Adding items to hidden net GND"和"Adding items to hidden net VCC",这是因为 SN74HC02D 元件隐藏了 VSS 和 VCC 引脚。对此可以显示这两个引脚并且进行连线,也可以忽视警告,但是要将隐藏的引脚正确接线。二是"Net NetDB1_2 has no driving source(Pin DB1_2,Pin U7_13)",这是因为系统认为输入引脚需要驱动信号,但在该工程中,输入信号都不用连接驱动信号,因此可以通过添加编译屏蔽标志来不编译此处。三是"Net NetU7_8 contains floating input(Pin U7_8)",这是提示有悬空的引脚未连。此处的引脚没有使用,可以不用连接,因此可以通过添加编译屏蔽标志来不编译此处。四是"Unconnected Pin U7-8 at 190,230"和"Unconnected Pin U7-10 at 190,250",这是提示 U7 的 8 引脚和 10 引脚没有电气连接。

添加编译屏蔽标志(如图 2 - 100 所示)并进行相应修改之后重新编译,结果如图 2 - 101 所示。

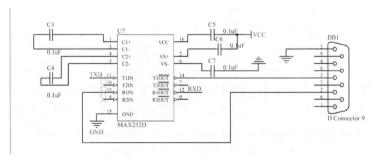

图 2 - 100   添加编译屏蔽标志

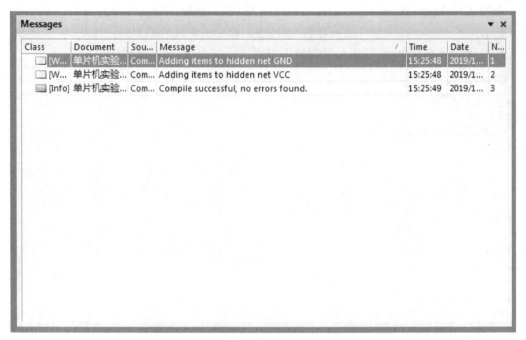

图 2 - 101   重新编译之后的错误信息提示

(二) 生成各种报表

为了方便电路原理图的设计、查看以及不同电路设计软件之间的兼容,Altium Designer 14 提供了强大的报表生成功能,能够方便地生成网络表、元件清单以及工程结构等报表,通过这些报表,设计者可以清晰地了解整个工程的详细信息。

1   生成网络表

电路原理图是以网络表的形式在 PCB 以及仿真电路之间传递电路信息的,在 Altium Designer 中,用户并不需要手动生成网络表,系统会自动生成网络表以在各编辑环境中传递电路信息。但是当要在不同的电路设计辅助软件之间传递数据时,就需要设计者首先生成电路原理图的网络表。

Altium Designer 14 可以为单张原理图或整个设计工程生成网络表。Design 菜单中有 Netlist for Project(生成工程网络表)和 Netlist For Document(生成设计文档网络表)两个子菜单,两者提供的网络表类型相同,如图 2 - 102 所示。Altium Designer 14 提供了众多不同格式的网络表,可以在不同的设计软件之间进行交互设计。

1) 设置网络表

执行菜单命令 Project|Project Options,在弹出的工程选项设置对话框中打开 Options 选项卡,如图 2 - 103 所示。下面介绍网络表设置的相关内容。

(1) Output Path(输出路径):设置生成的报表的输出路径,系统默认路径为在当前工程所在文件夹中创建的一个名为 Project Outputs for ** 的文件夹。

(2) Netlist Options(网络表选项):该选项区域用来设置创建网络表的条件。

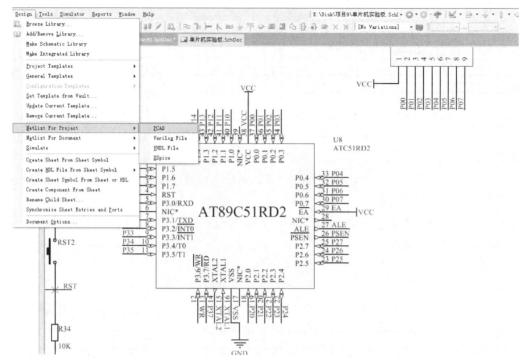

图 2 - 102　Altium Designer 支持的各种网络表

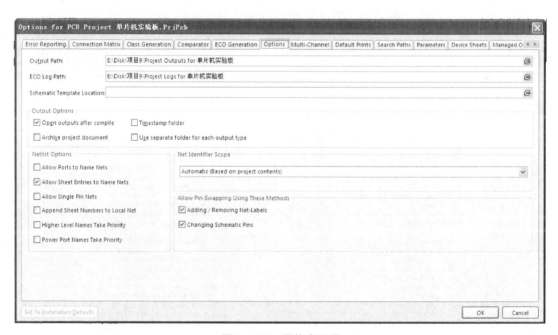

图 2 - 103　网络表设置

① Allow Ports to Name Nets：允许用系统产生的网络名代替与电路输入/输出端口相关的网络名。

② Allow Sheet Entries to Name Nets：允许用系统产生的网络名代替与图纸入口相关

的网络名。

③ Append Sheet Numbers to Local Nets：产生网络表时，系统自动把图纸编号添加到各网络名中，以识别网络所在的图纸。

（3）Net Identifier Scope（网络标号范围）：该选项区域用来指定网络标号的范围，单击下拉框可弹出四个选项。

① Automation（Based on Project contents）：系统自动在当前工程中判别网络标号。

② Flat（Only ports global）：工程的各个图纸之间直接使用全局输入/输出端口来建立连接关系。

③ Hierarchical（Sheet entry<—>port Connections）：通过原理图符号入口和原理图子图中的端口来建立连接关系。

④ Global（NetLabels and Ports global）：工程中各个文档之间用全局网络标号和输入/输出端口来建立连接关系。

2）生成网络表

打开单片机实验板.SchDoc 原理图文件，执行菜单命令 Design|Netlist For Document|Verilog File，系统会生成当前文档的网络表，如图 2 - 104 所示，并在 Projects 面板中生成 Generated|Netlist Files|单片机实验板.NET 层次式目录。

网络表由两部分组成：元件的声明和电气网络的定义。两者分别用不同的符号表示，[ ]之间是电气元件的声明，( )之间则是电气网络的定义。

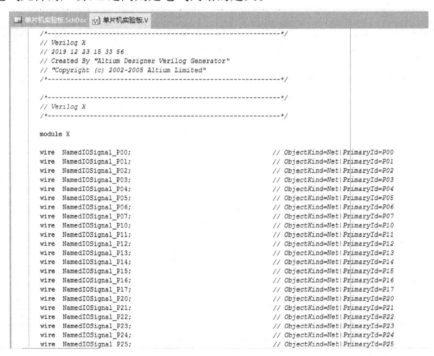

图 2 - 104　生成网络表

2　生成元件清单

Altium Designer 14 可以很方便地生成元件清单(Bill of Materials)，即电路原理图中所有元件的详细信息列表。执行菜单命令 Reports|Bill of Materials，弹出如图 2－105 所示的工程元件清单设置对话框。

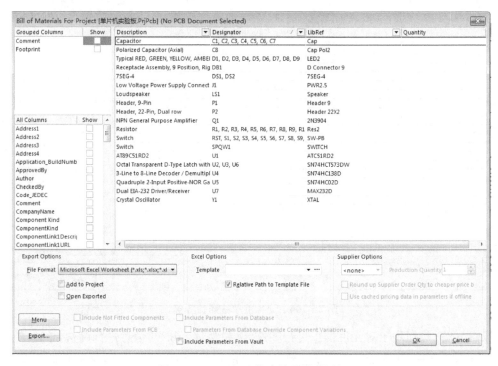

图 2－105　工程元件清单设置对话框

图 2－105 所示对话框的左部包括两个区域：Grouped Columns(分组字段)和 All Columns(所有字段)。

All Columns 区域列出了元件所有可供显示的属性字段，若想显示某个字段，只需将该字段后的 Show 复选框选中。

Grouped Columns 区域用来设置元件的信息是否按照某个属性进行分类显示，若不采用分类显示则所有的元件信息都按单条列出显示，图 2－105 中的元件信息列表就没有分类，而图 2－106 中的元件信息列表按照 Comment 和 Footprint 属性来分类。若要将元件信息按照某个属性分类，只需在 All Columns 选项区域选中相应的属性，然后拖拽到 Grouped Columns 选项区域中。同理，若要取消按属性分类，只要将 Grouped Columns 选项区域中的相应属性拖拽到 All Columns 选项区域中。

图 2－105 所示对话框的右部为元件信息显示区域，这里列出了原理图中所有元件的详细信息，在此也可以对元件进行排序筛选，方便找到需要的元件的信息。

该区域的顶部为属性字段，单击某个属性字段可将元件信息按照该属性进行排列。属

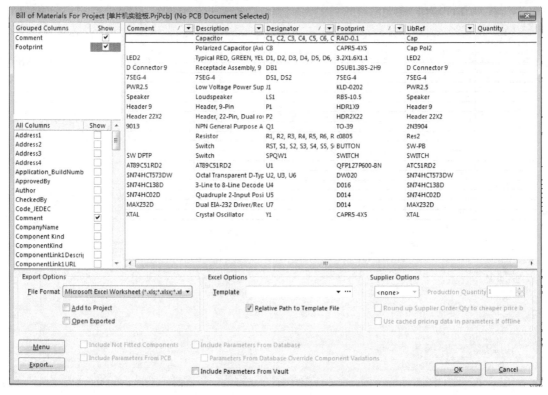

图 2-106　元件清单按属性分类

性字段右方的 按钮用于对元件信息进行筛选,例如要对 LibRef 信息进行筛选,单击该按钮弹出筛选字段列表,如图 2-107,里面列出了该电路原理图中所有的 LibRef,选取某一标号,则元件清单里仅仅显示该类元件。还可以自定义筛选条件,如要筛选电路原理图中的所有电阻元件,则单击该按钮,选择 Custom 选项,弹出如图 2-108 所示的筛选对话框,填入 res * 并单击 OK 按钮确认,筛选结果如图 2-109 所示,共有 48 个元件标号为 Res2 的电阻。

图 2-107　筛选字段列表

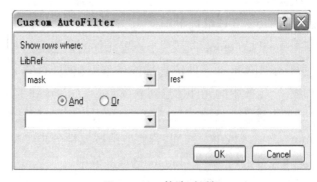

图 2-108　筛选对话框

图 2-109　元件属性筛选结果

执行菜单命令 Reports|Component Cross Reference,弹出如图 2-110 所示的对话框,其中与元件清单生成相关的设置如下。

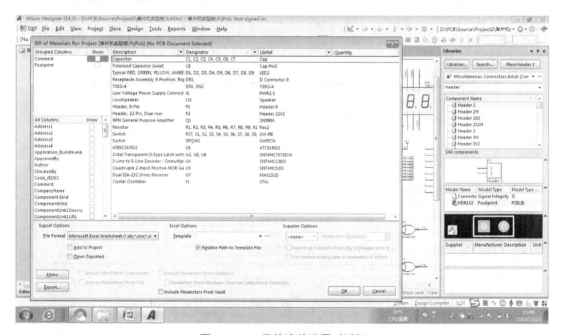

图 2-110　元件清单设置对话框

(1) Export Options(导出选项):该选项区域用于导出文件的相关设置。File Format(文件格式)用来设置导出文件的格式,Altium Designer 所支持的导出文件格式如图 2-111 所示,系统默认导出 Excel 格式的电子表格,也可以在下拉列表框中选取所需格式。Add to Project(加入工程)复选框,则生成的元件清单将加入本工程中。若勾选 Open Exported(打开导出)复选框,则系统在生成报表后将自动打开报表。

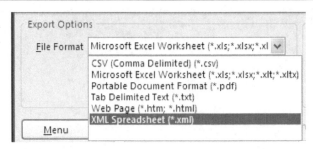

图 2-111 Altium Designer 所支持的报表格式

(2) Excel Options(Excel 选项设置)：当输出 Excel 文档时，可以在此区域设置相应选项。Template(模板)用来设定输出的 Excel 格式文件所采用的模板。Relative Path to Template File(模板文件相对路径)用来指定模板的路径，若不勾选该复选框，则需要自己设定模板的路径。

单击 Menu 按钮，在弹出的菜单项中选择 Export 命令或直接单击 Export 按钮可以将元件清单导出，在弹出的对话框中填入用于保存的文件名并确认即可生成元件清单。

生成元件清单之前还可以对元件清单进行预览。单击 Menu 按钮，在弹出的菜单项中选择 Report 命令，弹出如图 2-112 所示的报表预览窗口，在此窗口中可以单击 Export 按钮保存元件清单或单击 Print 按钮打印元件清单。

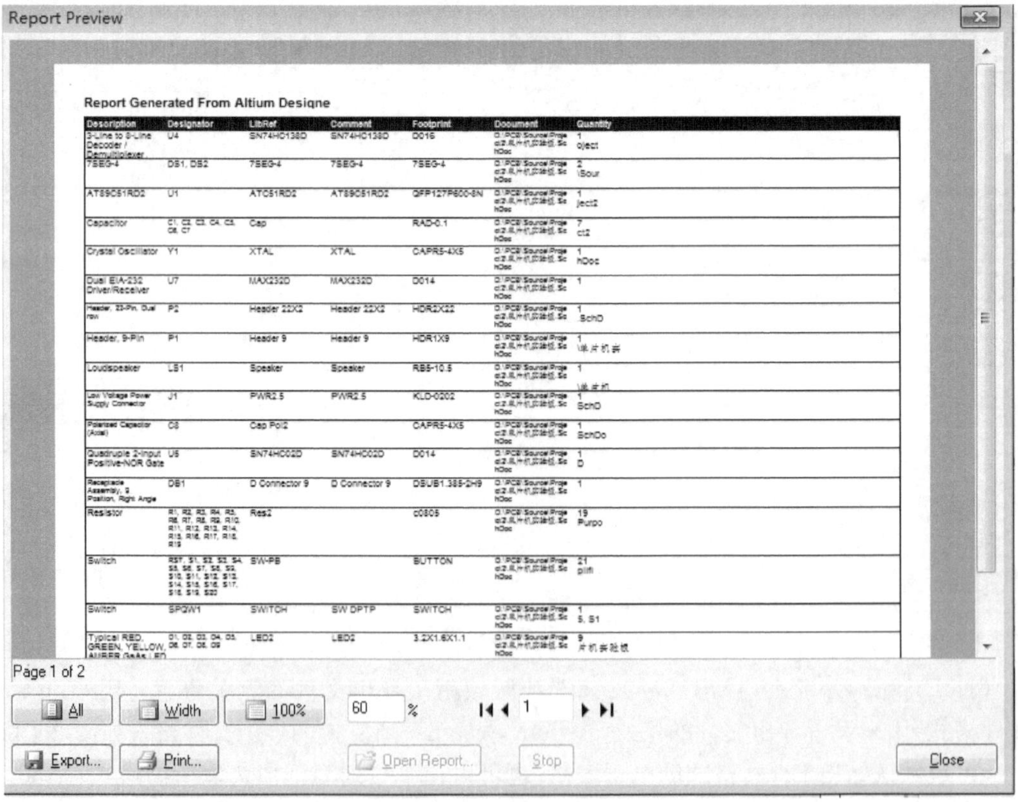

图 2-112 元件清单预览

如果觉得上面所介绍的生成元件清单的步骤比较复杂,那么可以试试 Altium Designer 提供的生成简单元件清单的功能。执行菜单命令 Reports|Simple BOM,系统会自动生成两种不同格式的简单元件清单,如图 2-113 和图 2-114 所示,并会在 Projects 面板的工程目录中生成一个 Generated 文件夹,其中就有生成的元件清单。

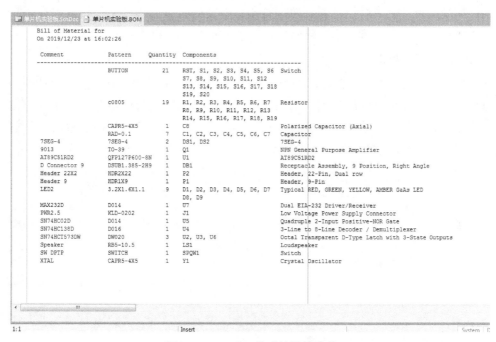

图 2-113　BOM 格式的元件清单

图 2-114　CSV 格式的元件清单

CSV 是最通用的一种文件格式,它可以非常容易地被导入各种 PC 表格及数据库中。在 CSV 格式的文件中,数据一般用引号和逗号隔开。

(三) 打印输出

电路原理图设计完成后往往需要通过打印机输出或者以通用的文件格式保存,便于技术人员参考或交流。下面将介绍电路原理图的打印输出和以 PDF 格式保存。

1　打印电路原理图

与打印其他文件一样,打印电路原理图最简单的方法就是单击工具栏上的 按钮,系统会以默认的设置打印出电路原理图。如果想要按照自己的方式打印电路原理图,就得对打印页面进行设置。执行菜单命令 File|Page Setup,弹出如图 2 - 115 所示的电路原理图打印属性设置对话框,下面介绍各设置项的意义。

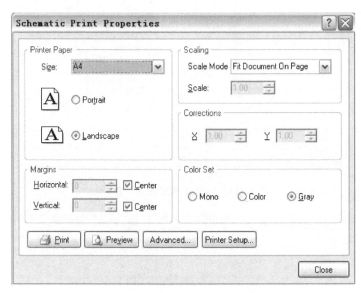

图 2 - 115　电路原理图打印属性设置对话框

(1) Printer Paper(打印纸张):在此区域可以设置纸张的大小和打印方式。在 Size 下拉列表框中选定纸张的大小;选择 Portrait 单选项则图纸将竖着打印,选择 Landscape 单选项则图纸将横着打印。

(2) Margins(页边距):可以分别在 Horizontal 和 Vertical 文本框中填入打印纸水平和竖直方向的页边距,也可勾选 Center 复选框,使图纸居中打印。

(3) Scaling(打印比例):在 Scale Mode 下拉列表框中选择打印比例的模式,其中 Fit Document On Page 是指把整张电路原理图缩放打印在一张纸上;Scaled Print 则是自定义打印比例,这时需在 Scale 文本框中填写打印的比例。

(4) Corrections(修正打印比例):可以在 X 文本框中填入横向的打印误差调整,在 Y 文本框中填入纵向的打印误差调整。

(5) Color Set(颜色设定):可以选择 Mono(单色打印)、Color(彩色打印)或 Gray(灰度打印)。

　　单击 Advanced 按钮可进入打印属性高级设置对话框,如图 2-116 所示,在此可以设置在打印出的电路原理图中是否显示 No-ERC 标记、Parameter Sets 等非电气元件或者 Designator、Net Labels 等电路相关的物理名称。

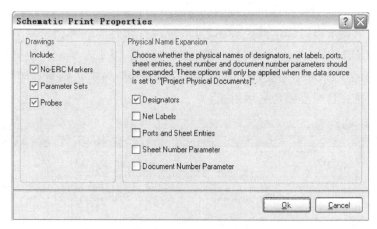

图 2-116　电路原理图打印属性高级设置对话框

　　还可以对打印机的相关选项进行设置,执行菜单命令 File|Print 或单击电路原理图打印属性设置对话框中的 Printer Setup 按钮进入打印机配置对话框,如图 2-117 所示,主要设置项的意义如下所述。

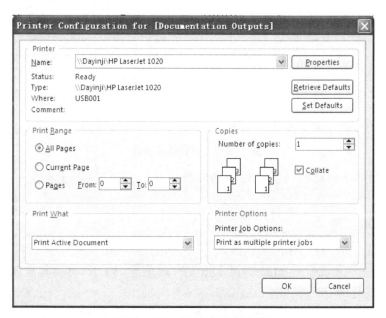

图 2-117　打印机配置对话框

　　(1) Printer(打印机):这里列出了所有本机可用的打印机及其具体信息,可以选用相应的打印机并设置其属性。

　　(2) Print Range(打印范围):设置打印文档的范围,可以设定为 All Pages(所有页面)、

Current Page(当前页面)或者在 Pages 后面的文本框中自定义打印图纸的范围。

（3）Print What(打印什么)：选择打印的对象，可以选择 Print All Valid Document(打印所有原理图)、Print Active Document(打印当前原理图)；Print Selection(打印当前原理图中的选中部分)；Print Screen Region(打印当前屏幕的区域)。

（4）Copies(复制)：设置打印的原理图的份数。

设置完成之后就可以打印电路原理图了，不过在打印之前最好预览一下打印效果。执行菜单命令 File|Print Preview 弹出打印预览窗口，如图 2 - 118 所示。预览窗口的左边是缩微图显示，当有多张原理图需要打印时，会在这里缩微显示；右边则是打印预览，原理图在打印纸上的效果将在这里形象地显示出来。

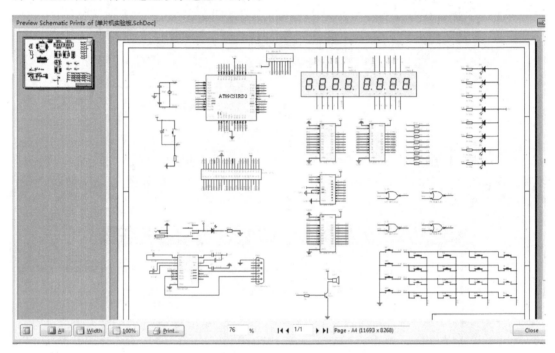

图 2 - 118　打印预览窗口

若是原理图打印预览的效果与理想的效果一样，就可以执行菜单命令 File|Print 打印了。

2　输出 PDF 文档

PDF 文档是一种广泛应用的文档格式，将电路原理图导出成 PDF 格式可以方便设计者之间参考和交流。Altium Designer 提供了强大的 PDF 生成工具，可以非常方便地将电路原理图或 PCB 图转化为 PDF 格式。

执行菜单命令 File|Smart PDF，弹出如图 2 - 119 所示的智能 PDF 生成器启动界面。单击 Next 按钮，进入 PDF 转换目标设置对话框，如图 2 - 120。在此可选择转化该工程中的所有文件还是仅仅转化当前打开的文档，并在 Output File Name 文本框中填入输出的 PDF 文档的保存名称及保存路径。

图 2 - 119　智能 PDF 生成器启动界面

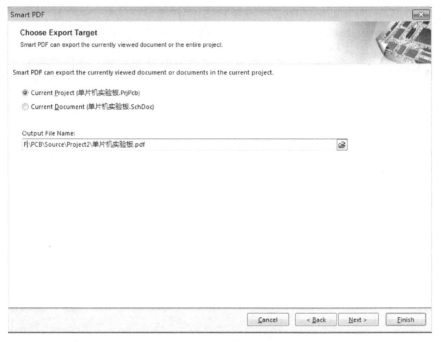

图 2 - 120　转换目标设置

　　单击 Next 按钮,进入如图 2 - 121 所示的选择工程文件对话框,在这里选取需要输出为
PDF 文档的原理图文件,在选取的过程中可以按住 Ctrl 键或 Shift 键并单击鼠标进行多个

文件的选择。

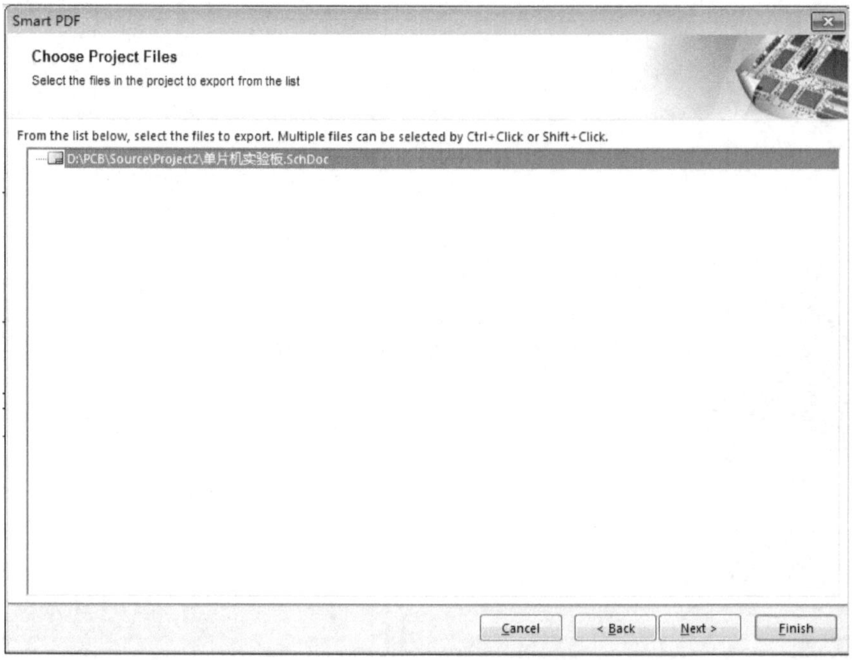

图 2-121　选择工程文件对话框

单击 Next 按钮,进入如图 2-122 所示的导出元件清单对话框,和前面生成元件清单的设置一样,在这里设置是否生成元件清单以及元件清单格式、套用的模板。

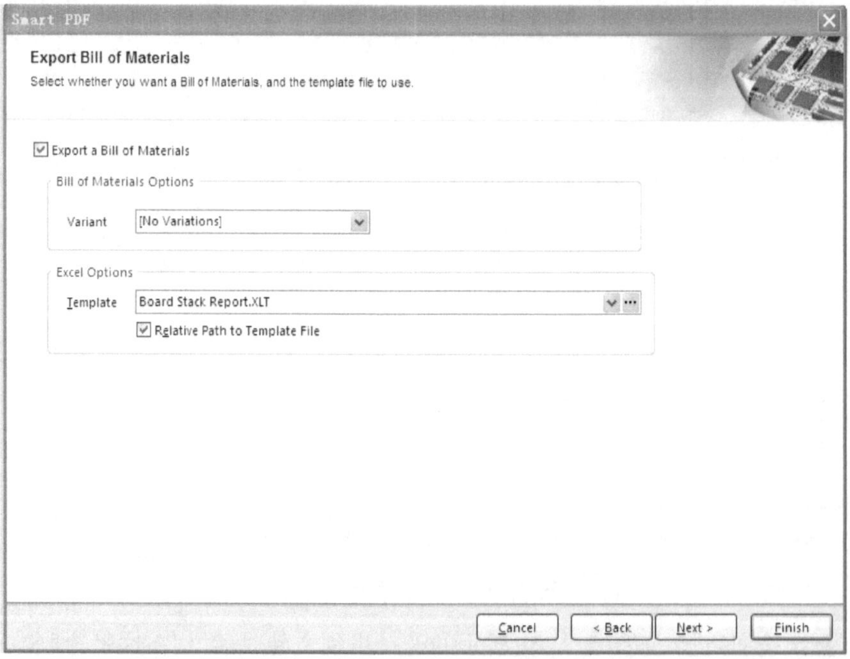

图 2-122　导出元件清单对话框

单击 Next 按钮,进入如图 2-123 所示 PDF 附加选项设置对话框,下面介绍各设置项的意义。

(1) Zoom(区域缩放):该选项用来设定对于生成的 PDF 文档,当在书签栏中选中元件或网络时,PDF 阅读窗口缩放的大小,可以拖动下方的滑块来改变缩放的比例。

(2) Additional Bookmark(生成额外的书签):当选中 Generate nets information 复选框时,将在生成的 PDF 文档中产生网络信息。还可以设定是否产生 Pin(引脚)、Net Labels(网络标签)、Ports(端口)。

(3) Schematics includes(原理图包含):设定是否将 No-ERC Markers(忽略 ERC)、Parameter Sets(参数设置)、Probes(探针工具)等放置在生成的 PDF 文档中。

(4) PCB Color Mode(PCB 颜色模式):该选项用于设置 PCB 设计文件转化为 PDF 格式时的颜色模式,可以设置为 Color(彩色)、Greyscale(灰度)、Monochrome(单色模式)。因为本工程中没有 PCB 文件,所以该选项不可设置。

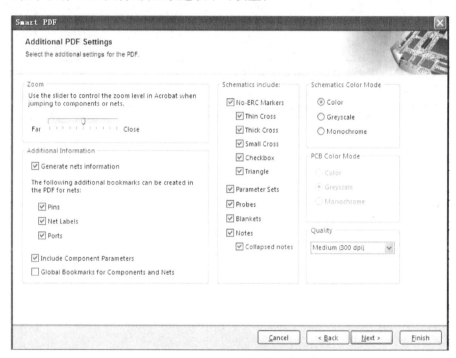

图 2-123　PDF 附加选项设置对话框

单击 Next 按钮,进入如图 2-124 所示的结构设置对话框,该对话框是针对重复层次式电路原理图或 Multi-Channel 原理图设计的,一般情况下用户无需更改设置。

单击 Next 按钮,进入如图 2-125 所示的 PDF 文档生成设置完成对话框。至此生成 PDF 文档的设置已经完成,还可以设置一些后续操作,如生成 PDF 文档后是否立即打开,是否生成 Output Job 文件等。

单击 Finish 按钮,完成 PDF 文档的导出。系统会自动打开生成的 PDF 文档,如图 2-126 所示。在左边的标签栏中层次式地列出了工程文件的结构,每张电路图纸中的元件、网络以及工程的元件清单,可以单击各标签跳转到相应的项目,非常方便。

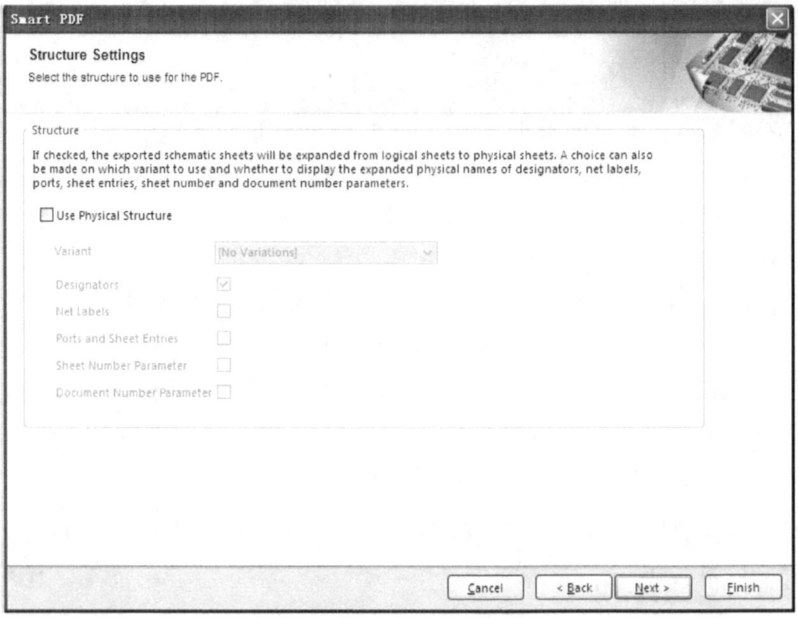

图 2-124　结构设置对话框

图 2-125　PDF 文档生成设置完成对话框

项目实训

1. 如图 2-127 所示是汽车倒车提示及测速电路原理图，利用前面介绍的知识，绘制该原理图。

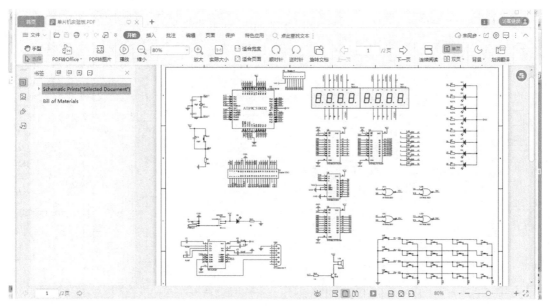

图 2‑126　生成的 PDF 文档

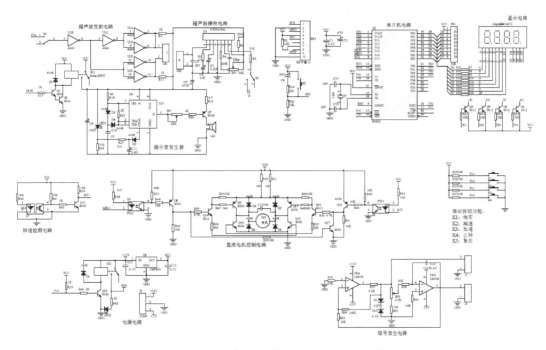

图 2‑127　汽车倒车提示及测速电路原理图

2. 如图 2‑128 所示为多路家电的电路原理图,试绘制该原理图。

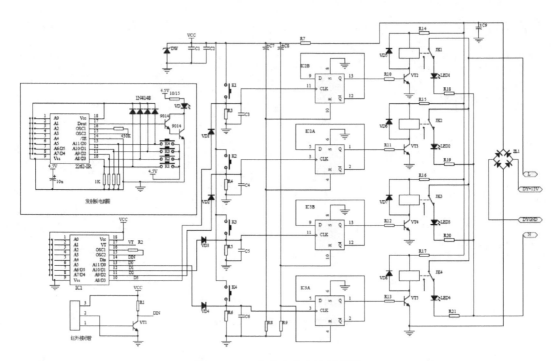

图 2 - 128　多路家电电路原理图

项目3 层次式电路原理图设计

项目目标

➢ 了解层次式电路原理图设计的基本方法
➢ 掌握电路功能模块的划分原则
➢ 掌握用自上而下法设计单片机实验板工程的层次式电路原理图
➢ 掌握用自下而上法设计单片机实验板工程的层次式电路原理图

项目任务

➢ 用自上而下法设计层次式电路原理图
➢ 用自下而上法设计层次式电路原理图

项目相关知识

层次式电路原理图是将复杂的电路分成若干个小的部分分别绘制,结构清晰,可读性更强。层次式电路原理图设计可被看作逻辑方块图之间的层次结构设计,大致可以将层次式电路原理图分为层次式母图和层次式子图。层次式母图中的电路由若干个图纸符号电气连接构成,而各个图纸符号连接到不同的层次式子图。层次式子图就是各功能原理图,由具体的元件电气连接构成,并封装成图纸符号,加上图纸入口,在层次式母图中显示。

在具体设计层次式电路原理图之前先介绍层次式电路原理图设计必需的图纸符号,以及用来形成电气连接的图纸入口和端口。

1 绘制图纸符号并设置其属性

图纸符号代表一个实际的电路原理图,在原理图编辑环境下,执行菜单命令 Place|Sheet Symbol 或单击工具栏上的 ▣ 按钮进入图纸符号绘制状态。此时光标变成十字状,单击鼠标左键确定图纸符号对角线的第一个点,然后移动鼠标拖出一个矩形的图纸符号到合适的大小,再次单击鼠标左键,至此一个原理图符号就设置完成了。这时可以继续放置原理图符号或者单击鼠标右键结束放置状态。

在绘制过程中按 Tab 键或在绘制完成后双击图纸符号即可进入图纸符号属性设置对话框,如图 3-1 所示。图纸符号的外观属性与矩形等集合图形的设置类似,下面仅详细介绍 Properties 选项区域。

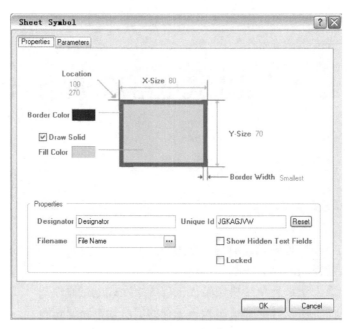

图 3-1　图纸符号属性设置对话框

（1）Designator（标号）：图纸符号的标号与元件的标号一样是唯一的，可以设置为对应电路原理图的文件名，以便于理解。

（2）Filename（文件名）：这是图纸符号所对应的电路原理图的文件名，是原理图符号最重要的属性，可以直接在后面的文本框中填入电路原理图文件名，或单击 按钮，在弹出的引用文档选择对话框中选择对应的电路原理图文件。如图 3-2 所示，该对话框中列出了当前工程文档中所有可供使用的电路原理图文件。需注意的是，这里的文件名不支持中文。

（3）Unique Id（唯一 ID）：该编号由系统自动产生，不用修改。

（4）Show Hidden Text Field（显示隐藏文本）：勾选该复选框后会显示隐藏的文本字段。

（5）Locked（锁定）：勾选该复选框后会锁定该原理图符号，防止误修改。

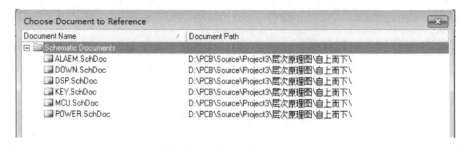

图 3-2　引用文档选择对话框

2　放置图纸入口并设置其属性

图纸符号之间的电气连接通过图纸入口来完成，而图纸入口是以图纸符号为载体的，因此只有在绘制好图纸符号之后，才能在图纸符号的上面放置图纸入口。

　　执行菜单命令 Place|Add Sheet Entry 或单击工具栏上的 ■ 按钮进入图纸入口放置状态，此时光标会变成十字状并黏附着一个图纸入口符号，如图 3-3(a)所示，此时图纸入口符号呈暗灰色，这是因为图纸入口处于图纸符号之外，没有进入其作用区域。当光标移至图纸符号之内后，图纸入口符号会自动黏附到图纸符号的边缘，选择合适的位置，单击鼠标左键固定图纸入口。

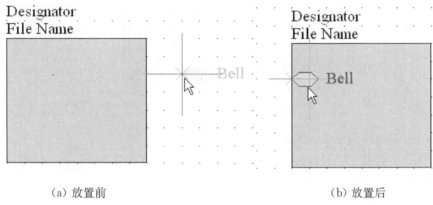

　　(a) 放置前　　　　　　　　　　　　　　　　(b) 放置后

图 3-3　放置图纸入口

　　在图纸入口的放置过程中按下 Tab 键或者双击放置好的图纸入口即可进行图纸入口的属性设置，如图 3-4 所示，下面对图纸入口的主要属性设置进行详细介绍。

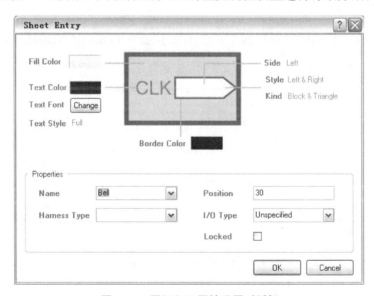

图 3-4　图纸入口属性设置对话框

　　(1) Side(边)：即图纸入口所在的位置，可以选择为 Left(靠左)、Right(靠右)、Top(靠上)和 Bottom(靠下)。

　　(2) Style(样式)：用于设置图纸入口处于不同位置时箭头的方向。

（3）Kind（种类）：用于设置图纸入口的种类。Altium Designator 提供了四种图纸入口，即 Block&Triangle（方块加三角形）、Triangle（三角形）、Arrow（箭头状）、Arrow Tail（带箭尾的箭头状），如图 3－5 所示。

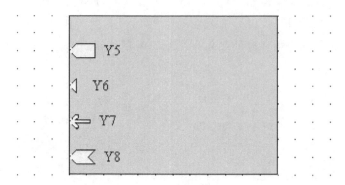

图 3-5　四种图纸入口

（4）Name（名称）：用于设置图纸入口的网络名。

（5）I/O Type（I/O 类型）：即内层电路的信号流向，可以设置为 Unspecified（未定义）、Output（输出）、Input（输入）以及 Bidirectional（双向）。需注意的是，该项属性设置不当会影响原理图编译的结果。

3　放置端口并设置其属性

图纸入口对应的就是端口，图纸入口只是图纸符号与外部电路的接口，要与对应的电路原理图产生联系就必须通过端口（Port）。

执行菜单命令 Place|Port 或单击工具栏上的 按钮进入电路原理图端口放置状态，此时十字状的光标上黏附了一个端口符号，移到合适的位置后单击鼠标左键即可确认端口的一个端点，然后拖动鼠标改变端口的长度，再次单击鼠标左键就能完成端口的绘制，如图 3-6 所示。

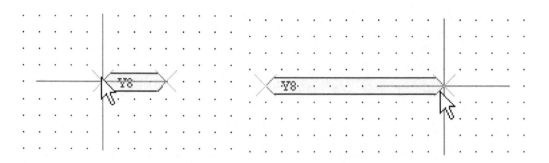

图 3-6　端口的绘制

端口绘制过程中按下 Tab 键或者双击放置完成的端口即可弹出如图 3－7 所示的端口属性设置对话框，有 Graphical（图形）和 Parameters（参数）两个选项卡，大部分属性设置和前面所介绍的其他元件的属性设置类似，在此仅介绍几个重要的属性。

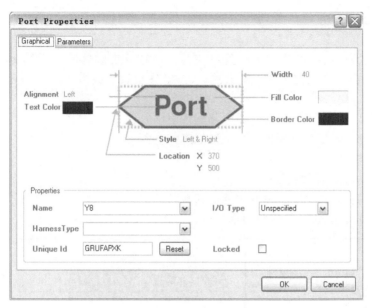

图 3-7　端口属性设置对话框

（1）Alignment（对齐方式）：用于设置端口里面文本的对齐方式，可以设置为 Center（居中）、Left（居左）、Right（居右），如图 3-8 所示。

（2）Style（样式）：与图纸入口的 Style 属性一样，用来设置端口处于不同位置时箭头的方向。

（3）Name（名称）：用于设置端口所连接的网络名，通常与图纸入口的网络名一致。

（4）I/O Type（I/O 类型）：即内层电路的信号流向，可以设置为 Unspecified（未定义）、Output（输出）、Input（输入）以及 Bidirectional（双向）。

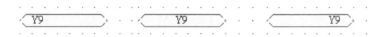

图 3-8　端口中文本的对齐方式

任务 3.1　自上而下的层次式电路原理图设计

任务目标

➤ 学会用自上向下法设计单片机实验板工程的层次式电路原理图

➤ 能够正确对电路功能模块进行划分

➤ 能够正确建立各电路原理图之间的层次关系

任务内容

➤ 用自上向下法设计单片机实验板工程的层次式电路原理图

任务相关知识

如图 3-9 所示,将项目 2 中的单片机实验板电路原理图修改之后划分为 6 个功能模块:控制模块、电源模块、报警模块、显示模块、按键模块和下载模块。各个模块的功能如下所述:

(1) 控制模块:整个单片机实验板电路的控制中心。

(2) 电源模块:为整个单片机实验板提供工作电源。

(3) 报警模块:发出报警信号。

(4) 显示模块:显示所需内容。

(5) 按键模块:单片机实验板的数据输入端。

(6) 下载模块:调试、下载程序到单片机。

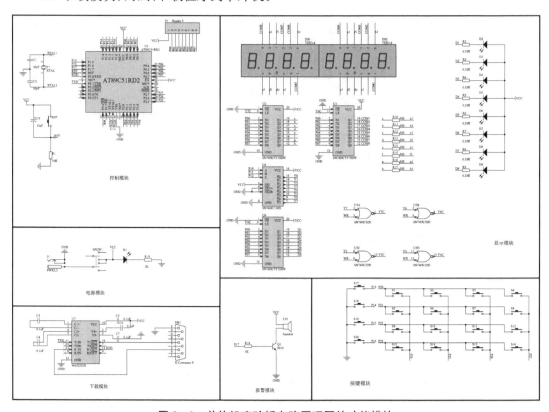

图 3-9　单片机实验板电路原理图的功能模块

任务实施

顾名思义,自上而下就是根据电路原理将电路划分为若干个组成模块,先在层次式母图中绘制出各个模块的方框图以及电气连线,然后由系统生成各方框图的实际电路原理图并绘制实际电路。下面介绍自上而下层次式电路原理图的设计方法。

1　绘制层次式母图

创建新的电路原理图工程,命名为层次式电路图. PrjPCB,并添加原理图文件 main.

SchDoc 来绘制层次式母图。

（1）添加单片机系统功能模块：按照前文介绍的方法绘制一个图纸符号，命名为 MCU，按照图 3 - 10 进行端口设置。

（2）添加电源系统功能模块：绘制一个电源模块的图纸符号，命名为 Power，该模块中不需要添加图纸入口，因为电源和接地属于特殊网络，同一工程的不同图纸中的电源和接地在电气上是相连的，不需要另外用端口来连接。

（3）添加显示系统功能模块：绘制一个显示模块的图纸符号，命名为 Display，并添加如图 3 - 10 所示的图纸入口。

（4）添加下载功能模块：绘制一个下载模块的图纸符号，命名为 Download，并添加如图 3 - 10 所示的图纸入口。

（5）电气连线：绘制导线来连接各图纸符号对应的端口。

绘制好的层次式母图如图 3 - 10 所示。

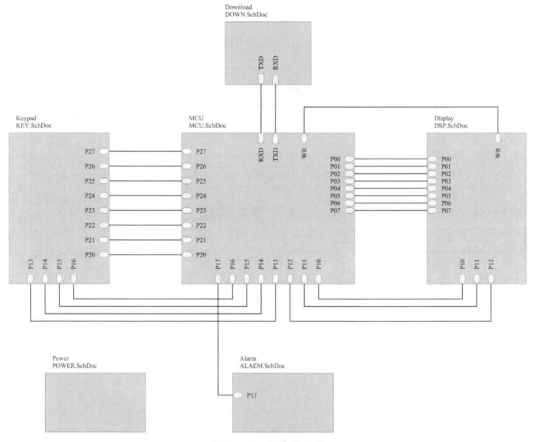

图 3 - 10　层次式母图

2　绘制层次式子图

（1）由图纸符号生成电路原理图：执行菜单命令 Design | Create Sheet From Sheet Symbol，光标变成十字状，将光标移至名为 DSP 的图纸符号上单击鼠标左键确认，系统自动建立一个名为 DSP. SchDoc 的原理图文件，并且生成与图纸入口对应的端口，如图 3 - 11

所示。

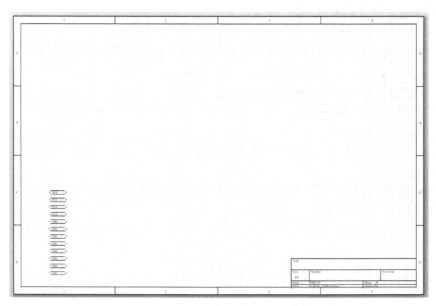

图 3 - 11　由图纸符号生成电路原理图

（2）绘制显示模块子图：将图 3 - 9 中单片机实验板电路原理图的显示模块复制到电路原理图中，并调整端口的位置，使电路原理图布局合理，如图 3 - 12 所示。

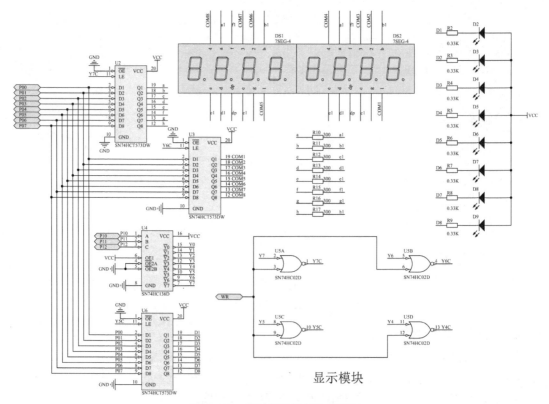

图 3 - 12　显示模块的层次式子图

绘制其他模块的层次式子图,如图 3-13~图 3-17 所示。

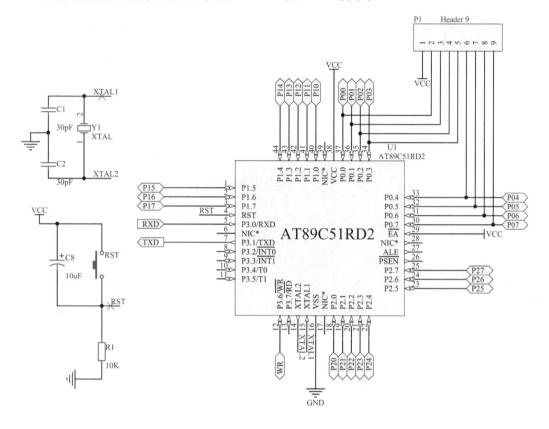

控制模块

图 3-13 控制模块的层次式子图

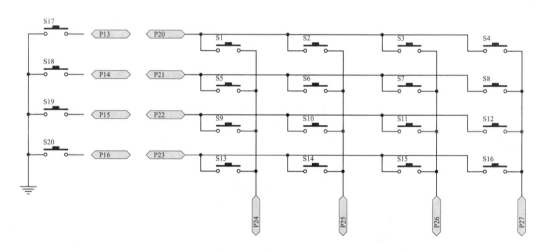

按键模块

图 3-14 按键模块的层次式子图

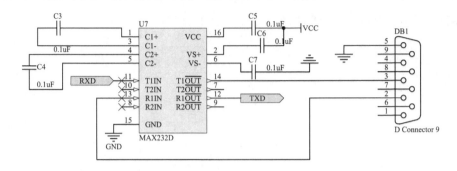

下载模块

图 3 – 15　下载模块的层次式子图

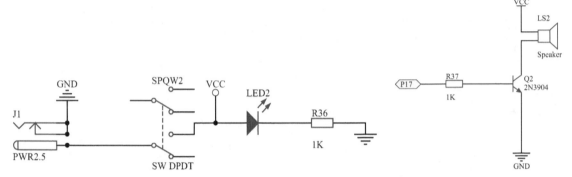

图 3 – 16　电源模块的层次式子图　　　　　　　　　图 3 – 17　报警模块的层次式子图

3　编译层次式电路原理图

执行菜单命令 Project|Compile PCB Project 层次式电路图. PrjPCB 来编译工程。编译成功后 Projects 面板中的文件会以层次式结构显示，如图 3 – 18 所示。

图 3 – 18　原理图文件的层次式显示

任务 3.2 自下而上的层次式电路原理图设计

任务目标

➤ 学会用自下而上法设计单片机实验板工程的层次式电路原理图
➤ 能够正确对电路功能模块进行划分
➤ 能够正确建立各电路原理图之间的层次关系

任务内容

➤ 用自下向上法设计单片机实验板工程的层次式电路原理图

任务相关知识

自下而上的层次式电路原理图设计方法与自上而下的设计方法刚好相反。在自下而上的电路原理图设计中,设计者首先设计好各部分的电路原理子图,然后由子图来生成层次式电路原理图母图。下面我们采用自下而上的方法设计单片机控制的实时时钟显示系统。

任务实施

1 绘制层次式电路原理图

新建一个工程,命名为自下而上.PrjPCB 并保存。将任务 3.1 中所绘制的层次式电路原理图的各子图复制到自下而上.PrjPCB 工程所在文件夹,并添加到工程中,如图 3-19 所示。

图 3-19 为工程添加子图

为自下而上. PrjPCB 工程添加一个层次式母图,不用添加其他元件和图纸符号,命名为 main. SchDoc 并保存。

在母图中执行菜单命令 Design|Create Sheet from Symbol or HDL,弹出如图 3 - 20 所示的引用文档选择对话框,其中列出了当前工程文档中所有可以用来创建子图的电路原理图文件,选中 MCU. SchDoc 文档并单击 OK 按钮确认。

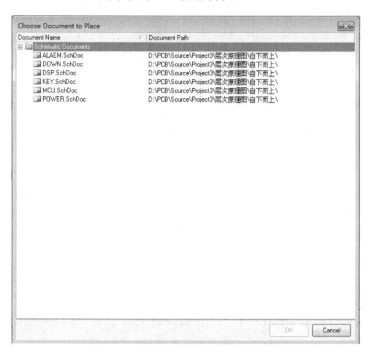

图 3 - 20   引用文档选择对话框

此时光标变成十字状并黏附一个图纸符号,如图 3 - 21 所示,图纸符号的图纸入口与电路原理图中的端口是对应的,将光标移至合适位置后单击鼠标左键确认。修改图纸入口的位置和图纸符号的大小,如图 3 - 22 所示。

图 3 - 21   新创建的母图图纸符号

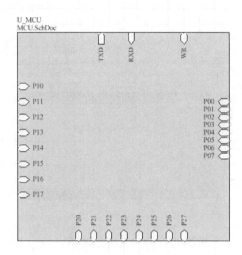

图 3-22 调整后的母图图纸符号

按照同样的方法创建其他功能模块的图纸符号,并进行电气连线。最终绘制好的层次式母图如图 3-23 所示。

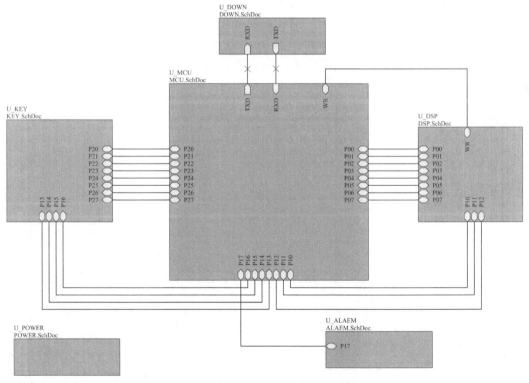

图 3-23 层次式母图

编译工程,编译成功后 Projects 面板中的原理图文件由原先的并列显示变为层次式显示,如图 3 - 24 所示。

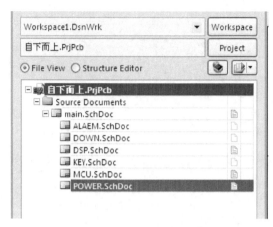

图 3 - 24　编译后的文档结构

2　层次结构设置

层次式电路原理图设计最大的优点就是结构清晰,但是电路设计过程中往往会改变电路的结构。Altium Design 提供了设置电路原理图层次结构的工具。

1) 端口与图纸入口之间的同步

无论采用自上而下还是自下而上的方式设计电路原理图,只要是由系统自动生成端口或图纸入口,端口与图纸入口的 I/O 类型总是同步的。但是在图纸编辑过程中也可能出现图纸入口与对应端口的 I/O 类型不一样的情况,对此可以执行菜单命令 Design | Synchronizing Sheet Entries and Ports,弹出如图 3 - 25 所示的端口与图纸入口同步对话框。

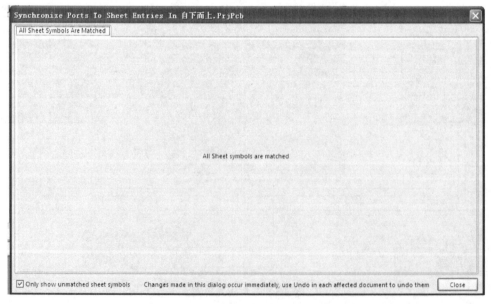

图 3 - 25　端口与图纸入口同步对话框

2) 重命名层次式电路原理图中的子图

在设计中可能要对电路原理图子图的名称进行修改。执行菜单命令 Design|Rename Child Sheet,此时光标变成十字状,单击想要重命名的模块,弹出如图 3-26 所示的子图重命名对话框,其中各设置项介绍如下:

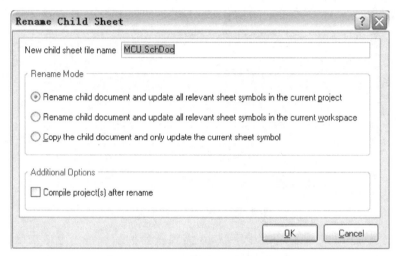

图 3-26　子图重命名对话框

(1) New child sheet file name(新子图名称):用于设置层次式子图的新文件名。

(2) Rename Mode(重命名模式):此选项区域提供了三种重命名的模式。

① Rename child document and update all relevant sheet symbols in the current project:重命名子图文档并更新当前工程中所有关联到的图纸符号;

② Rename child document and update all relevant sheet symbols in the current workspace:重命名子图文档并更新当前工作区中所有关联到的图纸符号;

③ Copy the child document and only update the current sheet symbol:复制子图文档并更新当前的图纸符号。

(3) Compile project(s) after rename(重命名后编译工程):勾选该复选框后会在重命名子图文档后编译工程。

3　层次式电路原理图之间的切换

层次式电路原理图结构清晰明了,相比于简单的多电路原理图设计来说,更容易从整体上把握系统的功能。前面已经提到过,在按住 Ctrl 键的同时双击图纸符号就可以打开图纸符号所关联的电路原理图文件,其实还有更简单的预览图纸符号所对应的电路原理图的方法,那就是将光标停留在图纸符号上一小段时间,系统会自动弹出图纸符号所对应的电路原理图预览,如图 3-27 所示。

Altium Design 提供的 Up/Down Hierarchy 层次间查找命令的功能十分强大,可以方便地查看电路原理图的结构和电路原理图之间信号的流向。

在层次式母图中执行菜单命令 Tool|Up/Down Hierarchy 或单击工具栏上的 按钮

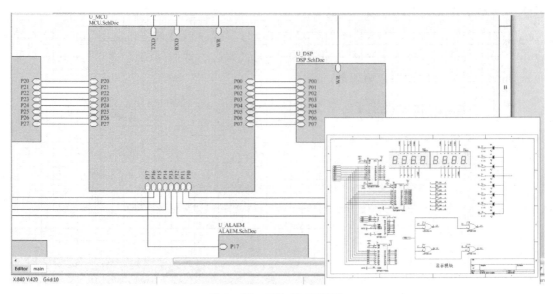

图 3‑27　层次式子图预览

进入层次间查找状态,此时光标变成十字状,在需要查看的图纸符号上单击鼠标左键,则系统会自动打开相应的电路原理图,如图 3‑28、图 3‑29 所示,打开的子图铺满工作区。

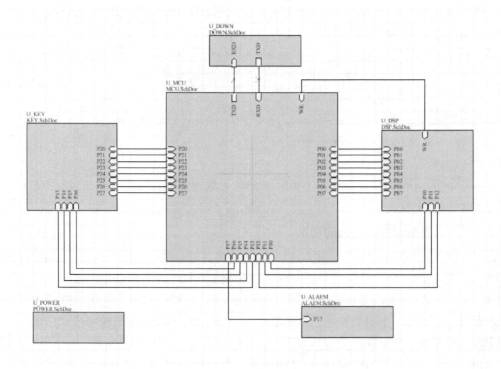

图 3‑28　在层次式母图中选取需要查看的图纸符号

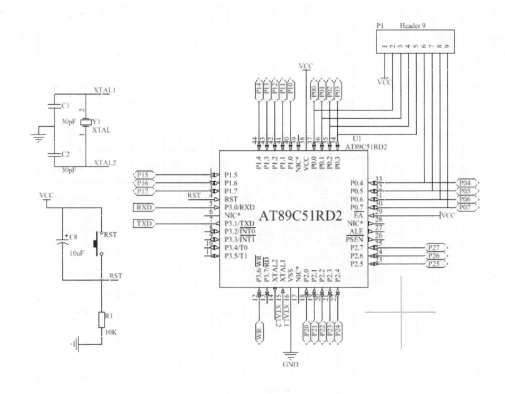

图 3-29 系统自动打开相应的层次式子图

项目实训

1. 如图 3-30 所示为 MP3 播放器电路原理图,试采用自上而下的层次式电路原理图设计方法绘制该电路原理图。

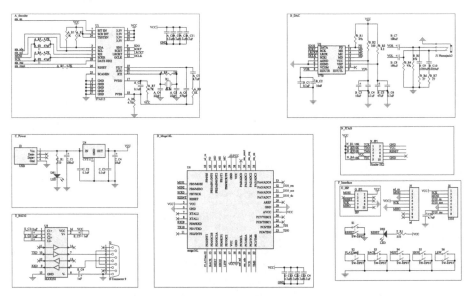

图 3-30 MP3 播放器电路原理图

2. 如图 3 - 31 所示为液位监测电路原理图,试用自下而上的层次式电路原理图设计方法绘制该电路原理图。

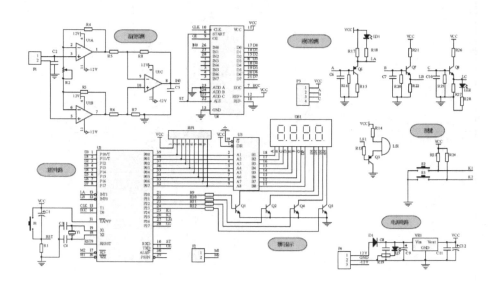

图 3 - 31　　液位监测电路原理图

项目 4 PCB 设计

项目目标

➤ 了解 PCB 的设计步骤
➤ 掌握 PCB 编辑器工作环境的设置方法
➤ 掌握 PCB 的规划方法和意义
➤ 掌握 PCB 设计规则检查的方法和意义

项目任务

➤ 掌握 PCB 的基础知识
➤ 用向导规划设计声光控节电开关的 PCB
➤ 对 PCB 进行 DRC

项目相关知识

PCB 设计是以电路原理图为依据,实现电路设计者所需要的功能。PCB 设计主要指版图设计,需要考虑外部连接的布局、内部电子元件的优化布局、金属连线和通孔的优化布局、电磁保护、热耗散等各种因素。优秀的版图设计可以节约生产成本,达到良好的电路性能和散热性能。前面的项目详细介绍了电路原理图的设计方法,本项目将介绍如何进行 PCB 设计,这也是电路设计的最终目的。

任务 4.1 PCB 的基础知识

任务目标

➤ 了解 PCB 的种类和基本元素
➤ 了解 PCB 的设计步骤
➤ 掌握 PCB 编辑器工作环境的设置方法

任务内容

➢ 学习 PCB 的种类和基本元素

➢ 学习 PCB 的设计步骤

➢ 设置 PCB 编辑器工作环境

任务相关知识

PCB(Printed Circuit Board,印制电路板),又称印刷电路板、印刷线路板,简称印制板。它以绝缘板为基材,切成一定尺寸,其上至少附有一个导电图形,并布有孔或焊盘(如元件焊盘、紧固孔、金属化孔等),用来代替以往装置电子元件的底盘,实现电子元件之间的相互连接。由于这种板是采用电子印刷术制作的,故被称为印制电路板。

印制板的分类目前尚未有统一的标准,有的按印制板的用途分类,有的按印制板所用的基材分类,有的按印制板的结构特性分类。这些分类方法各有特点,应用在不同的场合。按用途分类,适合于产品设计,能反映出印制板在产品中的用途,但是种类太多并且反映不出印制板的特点;按基材分类能反映出材料的特性,却看不出印制板的结构特点。因此这两种分类方法一般采用得不多。按结构分类能基本反映出印制板的特性、基本结构和制造的复杂程度,是印制板业界通常采用的分类方法。按结构分类,也就是按印制板的物理特性、布设导线的层数和互连结构进行分类,可分为刚性印制板、挠性印制板和刚挠结合印制板三大类,每一大类又根据布线层数和互连结构分为许多子类,具体如图 4-1 所示。

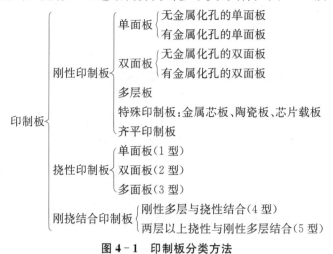

图 4-1　印制板分类方法

任务实施

1　PCB 的设计步骤

PCB 的设计是一个非常繁杂的过程,从最原始的网络表到最后设计出精美的 PCB 如同写作一般,需要作者非常细心的反复修改,因为 PCB 设计的好坏直接影响到最终产品的工作性能。PCB 的设计大致可以分为以下几个步骤:

（1）绘制电路原理图：电路原理图是设计 PCB 的基础，在前面的项目中已经详细介绍过电路原理图的设计。

（2）规划 PCB：进行设计之前要对 PCB 进行初步的规划，例如采用几层板，PCB 的物理尺寸等。

（3）载入网络表：网络表是电路原理图与 PCB 设计之间的桥梁，载入网络表后，电路原理图将以元件封装和预拉线的形式存在。

（4）元件布局：PCB 中元件较少且无特殊需求的情况下可以使用 Altium Designer 提供的自动布局器，不过在实际应用中多需要手工布局。

（5）指定设计规则：设计规则包括布线宽度、导孔孔径、安全间距等，在自动或手工布线过程中，系统会进行在线检查。一般在设计过程中需要根据实际情况不断修改规则。

（6）布线：这是 PCB 设计中最关键的一步。布线分为自动布线和手工布线，一般是由设计者先对关键或重要的线路进行手工布线，再启用系统的自动布线功能布线，最后对布线的结果进行修改。

（7）DRC：PCB 设计完成后还要对 PCB 进行 DRC（Design Rule Check，设计规则检查），以确保没有违反设计规则的错误发生。

（8）信号完整性分析：对于高速 PCB，在设计完成后要进行信号完整性分析，对于一般的非高速 PCB 则可以省略这一步。

至此，PCB 的设计就完成了，可以按照 PCB 制板厂家的要求生成相应格式的文件，以生产实际的 PCB。

2　PCB 的基本元素

PCB 包含一系列元件封装、由 PCB 材料支持并通过铜箔层进行电气连接的电路板、在 PCB 表面对 PCB 起注释作用的丝印层等。

（1）元件封装：指实际元件焊接到电路板上时显示的外形和焊点的位置关系，仅是空间概念，为以后元件的安装预留一个确切的位置。

（2）元件标号：指的是元件编号和元件参数信息，PCB 上的每个元件均有唯一的元件标号。

（3）铜膜导线：板子上的覆铜经过蚀刻处理形成的具有一定宽度和形状的导线，它分布在板层上连接各个焊点，以实现电气连接。

（4）焊盘：用来放置焊锡以焊接元件，实现元件的电气连接。焊盘的形状有圆形、方形、八角形等，有焊盘直径和孔径直径两个属性。

（5）过孔：在各层需要连通的导线的交接处钻一个孔，用于连接不同板层的导线，这个孔就是过孔。过孔分为通孔、盲孔和埋孔。

（6）覆铜：对于电路干扰性能要求较高的场合，可考虑在 PCB 上覆铜。覆铜可以有效起到屏蔽信号的作用，提高信号的抗电磁干扰能力。覆铜分为实心填充和网格填充。

（7）安装孔：用于固定 PCB 的孔称为安装孔，其尺寸由螺钉的大小决定。

（8）阻焊膜：通常 PCB 在焊盘以外的各部位都会涂敷一层阻焊膜，主要是为了防止铜层氧化和上锡。阻焊膜有红、蓝、绿、紫、白、黑等多种颜色，常见的是绿色。

3　PCB 编辑器工作环境参数设置

PCB 编辑器工作环境参数的设置主要包括 PCB 板层的颜色与显示设置、元件的显示与隐藏设置以及 PCB 的尺寸参数设置。

1) 认识 PCB 板层

多层 PCB 和 PCB 的板层易混淆，故下面简单介绍 PCB 板层的概念。PCB 根据结构可分为单层板（Signal Layer PCB）、双层板（Double Layer PCB）和多层板（Multi Layer PCB）三种。

（1）单层板：单层板是最简单的 PCB，它仅在一面进行铜膜走线，而另一面放置元件，结构简单，成本较低。但是由于结构限制，当走线复杂时，布线的成功率较低。因此单层板往往用于低成本的场合。

（2）双层板：双层板在 PCB 的顶层（Top Layer）和底层（Bottom Layer）都能进行铜膜走线，两层之间通过导孔或焊盘连接，相对于单层板来说其走线灵活得多，相对于多层板来说其成本又低得多，因此，在当前电子产品中双面板得到了广泛应用。

（3）多层板：多层板就是包含多个工作层的 PCB，最简单的多层板是四层板，也就是在顶层和底层中间加上了电源层和地平面层，通过这样的处理可以大大解决 PCB 的电磁干扰问题，提高系统的稳定性。

其实无论是单层板还是多层板，PCB 的板层都不仅仅是有着铜膜走线的这几层。通常在 PCB 上布上铜膜导线后，还要在上面加上一层防焊层（Solder Mask），防焊层不沾焊锡，覆盖在导线上面可以防止短路。防焊层有顶层防焊层（Top Solder Mask）和底层防焊层（Bottom Solder Mask）之分。PCB 上往往还要印上一些必要的文字，如元件符号、元件标号、公司标志等，因此在 PCB 的顶层和底层还有丝印层（Silkscreen Layer）。实际进行 PCB 设计时，所涉及的板层远不止上面介绍的铜膜走线层、防焊层和丝印层。Altium Designer 提供了一个专门的层堆栈管理器（Layer Stack Manager）来管理板层，后面将会详细介绍。

2) PCB 板层的颜色与显示设置

PCB 设计过程中用不同的颜色来表示不同板层。在 PCB 编辑环境下执行菜单命令 Design|Board Layers & Colors，打开如图 4-2 所示的视图设置对话框，其中有三个选项卡，Board Layer And Colors（板层和颜色）选项卡用来设置各板层的显示和颜色。图 4-2 中列出了当前 PCB 设计文档中所有的层，根据各层功能的不同，可将这些层大致分为以下 6 类。

（1）信号层（Signal Layers）：Altium Designer 提供了 32 个信号层，其中包括 Top Layer、Bottom Layer、Mid Layer 1…… Mid Layer 30 等，图 4-2 中仅仅显示了当前 PCB 中存在的信号层，即 Top Layer 和 Bottom Layer，若要显示所有的板层，可以取消选中 Only show layers in layer stack 复选框。

（2）内电层（Internal Planes）：Altium Designer 提供了 16 个内电层，Plane 1～Plane 16，用于布置电源线和底线。由于当前 PCB 是双层板设计，没有使用内电层，所以该区域显示为空。

（3）机械层（Mechanical Layers）：Altium Designer 提供了 16 个机械层，Mechanical 1～Mechanical 16，图 4-2 中仅显示了当前 PCB 所使用的机械层。机械层一般用于放置有关

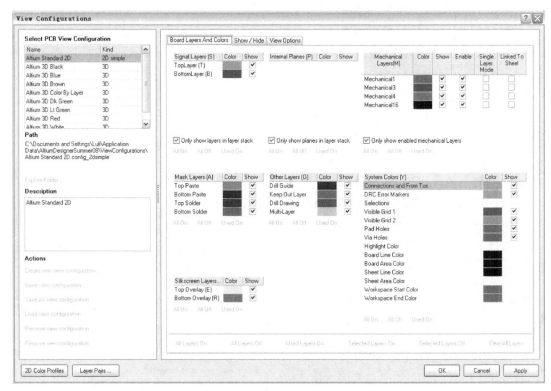

图 4-2 视图设置对话框

制板和装配方法的指示性信息。

（4）防护层（Mask Layers）：防护层用于保护 PCB 上不需要上锡的部分。防护层有阻焊层和锡膏防护层（Paste Mask）之分。阻焊层和锡膏防护层又均有顶层和底层之分，即 Top Solder、Bottom Solder、Top Paste 和 Bottom Paste。

（5）丝印层（Silkscreen Layers）：Altium Designer 提供了两个丝印层，即顶层丝印层（Top Overlay）和底层丝印层（Bottom Overlay）。丝印层用于绘制元件的外形轮廓、放置元件的编号或其他文本信息。

（6）其他层（Other Layers）：Altium Designer 还提供了其他一些工作层，如 Drill Guide（钻孔位置层）、Keep-Out Layer（禁止布线层）、Drill Drawing（钻孔图层）和 Multi-Layer（多层）。对于这些层，均可单击 Color（颜色）选框，在弹出的颜色设置对话框中设置该层显示的颜色。在 Show（显示）选框中可以选择是否显示该层，选中该项则显示该层。另外各设置区域下方的 Only show layers in layer stack 复选框用来设置是仅仅显示当前 PCB 设计文档中存在的层还是显示所有层。

在 Board Layer And Colors 选项卡的 System Colors（系统颜色）设置区域还可以设置各系统组件的颜色以及是否显示。

（1）Connections and From Tos：连接和飞线（预拉线和半拉线）。

（2）DRC Error Markers：DRC 错误标记。

（3）Selections：选取时的颜色。

(4) Visible Grid 1：可见网络 1。

(5) Visible Grid 2：可见网络 2。

(6) Pad Holes：焊盘内孔。

(7) Via Holes：过孔内孔。

(8) Highlight Color：高亮颜色。

(9) Board Line Color：电路板边缘颜色。

(10) Board Area Color：电路板内部颜色。

(11) Sheet Line Color：图纸边缘颜色。

(12) Sheet Area Color：图纸内部颜色。

(13) Workspace Start Color：工作区开始颜色。

(14) Workspace End Color：工作区结束颜色。

在 Board Layer And Colors 选项卡的下方还有一排功能设置按钮，如图 4 - 3 所示，各按钮的功能如下：

All Layers On　　　All Layers Off　　　Used Layers On　　　Selected Layers On　　　Selected Layers Off　　　Clear All Layers

图 4 - 3　颜色设置功能按钮

(1) All Layer On：显示所有层。

(2) All Layer Off：关闭显示所有层。

(3) Used Layer On：显示所有使用的层。

(4) Used Layer Off：关闭显示所有使用的层。

(5) Selected Layer On：显示所有选中的层。

(6) Selected Layer Off：关闭显示所有选中的层。

(7) Clear All Layer：清除选中层的选中状态。

本任务的 PCB 设计环境中将 PCB 顶层信号层和底层信号层的颜色分别设置成了绿色和红色。其实 PCB 板层显示的设置还有一个更为方便的方式：单击主界面板层标签栏左边的按钮，弹出如图 4 - 4 所示的板层显示设置菜单。单击 All Layers 选项可以显示当前所有的层，单击其余选项可仅仅显示某一类层，如 Signal Layers 仅显示信号层，Plane Layers 仅显示内电层，NonSignal Layers 仅显示非信号层，Mechanical Layers 仅显示机械层。

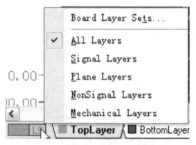

图 4 - 4　板层显示设置菜单

3）元件的显示与隐藏设定

Altium Designer 14 PCB 设计环境错综复杂的界面往往让新手难以下手,在设计中为了更加清楚地观察元件的排布或走线,往往需要隐藏某一类元件。在如图 4-5 所示的视图设置对话框中切换到 Show/Hide(显示/隐藏)选项卡,可以设置各类元件的显示方式。

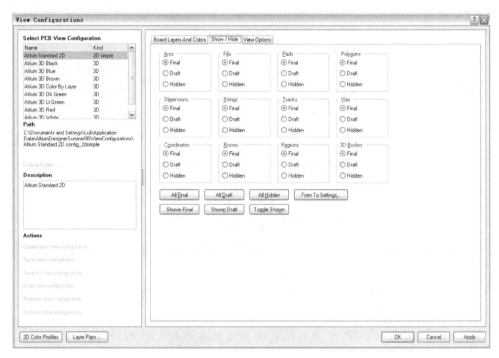

图 4-5　Show/Hide 选项卡

PCB 设计环境中的图件按照显示的属性可以分类如下。

(1) Arcs(圆弧):PCB 文件中的所有圆弧状走线。

(2) Fills(填充):PCB 文件中的所有填充区域。

(3) Pads(焊盘):PCB 文件中的所有元件焊盘。

(4) Polygons(覆铜):PCB 文件中的覆铜区域。

(5) Dimensions(轮廓尺寸):PCB 文件中的尺寸标示。

(6) String(字符串):PCB 文件中的所有字符串。

(7) Tracks(走线):PCB 文件中的所有铜膜走线。

(8) Vias(过孔):PCB 文件中的所有导孔。

(9) Coordinates(坐标):PCB 文件中的所有坐标标示。

(10) Rooms(元件放置区间):PCB 文件中的所有空间类元件。

(11) Regions(区域):PCB 文件中的所有区域类元件。

(12) 3D Bodies(3D 元件体):PCB 文件中的所有 3D 元件。

以上各分类均可单独设置为 Final(最终实际的形状,多数为实心显示)、Draft(草图显示),多数为空心显示和 Hidden(隐藏)。

4）电路板参数设置

执行菜单命令 Design | Board Options，进入电路板尺寸参数设置对话框，如图 4 - 6 所示。

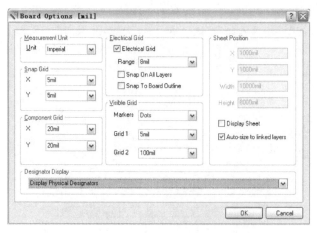

图 4 - 6   电路板尺寸参数设置对话框

（1）Measurement Unit（度量单位）：系统单位设定，可以选择用 Imperial（英制单位）或是 Metric（公制单位）。

（2）Snap Grid（光标捕捉栅格）：用于设定光标捕捉元件时跳跃的最小栅格，在 X、Y 文本框内填入捕捉的栅格的大小。

（3）Component Grid（元件步进栅格）：用于设置在进行元件布局时，移动元件步进的距离。

（4）Electrical Grid（电气栅格）：利用电气栅格，可以捕捉到栅格附近的元件，并以栅格大小为单位进行移动。

（5）Visible Grid（可视栅格）：用于设置图纸背景栅格的大小。Markers 下拉列表框用来设置栅格的形式，可以选择 Dots（点式栅格）或 Lines（线式栅格）；还可分别设置可视网格 1（Grid 1）和可视网格 2（Grid 2）的尺寸。

（6）Sheet Position（图纸位置）：该区域用于设置图纸的位置，包括 X 轴坐标、Y 轴坐标、宽度、高度等参数。

任务 4.2   PCB 设计的基本规则

任务目标

➢ 熟悉元件布局与系统布线的方法
➢ 熟悉 PCB 设计的基本规则

任务内容

➤ 了解 PCB 设计的基本规则

任务相关知识

1 元件布局

元件布局是将元件封装按一定的规则排列和摆放在电路板中。在 PCB 编辑器中进行元件布局的方法有自动布局和手工布局两种，一般先采用自动布局再进行手工调整。元件布局的基本规则如下所述。

(1) 按电路模块进行布局。实现同一功能的相关电路称为一个模块，电路模块中的元件应采用就近原则，同时应将数字电路和模拟电路分开。

(2) 定位孔、标准孔等非安装孔周围 1.27 mm 内不得贴装元件，螺钉等安装孔周围 3.5 mm(对应 M 2.5 螺钉)、4 mm(对应 M 3 螺钉)内不得贴装元件。

(3) 卧装电阻、电感(插件)、电解电容等元件的下方避免布过孔，以免波峰焊后过孔与元件壳体发生短路。

(4) 元件的外侧距板边的距离为 5 mm。

(5) 贴装元件的焊盘外侧与相邻插装元件的外侧距离不得小于 2 mm。

(6) 金属壳体元件和金属件(屏蔽盒等)不能与其他元件相碰，不能紧贴印制线、焊盘，其间距应大于 2 mm。定位孔、紧固件安装孔、椭圆孔及板中其他方孔外侧距板边的尺寸应大于 3 mm。

(7) 发热元件不能紧邻导线和热敏元件；高热器件要均匀分布。

(8) 电源插座要尽量布置在电路板的四周，电源插座与其相连的汇流条接线端应布置在同侧。特别应注意不要把电源插座及其他焊接连接器布置在连接器之间，以利于这些插座、连接器的焊接及电源线缆的设计和扎线。电源插座及焊接连接器的布设间距应考虑到方便电源插头的插拔。

(9) 所有的 IC 元件单边对齐；有极性元件的极性标示明确；同一电路板上极性标示不得多于两个方向，出现两个方向时，两个方向应互相垂直。

(10) 板面布线应疏密得当，当疏密差别太大时应以网状铜箔填充，网格应大于 8 mil(或者 0.2 mm)。

(11) 贴片焊盘上不能有通孔，以免焊膏流失造成元件虚焊。

(12) 重要信号线不准从插座脚间通过。

(13) 贴片单边对齐，字符方向一致，封装方向一致。

(14) 有极性的元件在同一板上的极性标示方向尽量保持一致。

2 系统布线

当元件布局好之后，就需要对整个系统进行布线。布线分为自动布线和手工布线两种。随着微电子技术的发展，布线有了很高的要求，于是又有了等长布线、实时阻抗布线、多线轨布线、交互式布线、智能交互式布线、交互式调整布线长度等多种布线方法。布线的一般规则如下所述。

（1）画定布线区域距 PCB 板边小于 1 mm 的区域内以及安装孔周围 1 mm 内禁止布线。

（2）电源线尽可能宽，不应低于 18 mil；信号线宽不应低于 12 mil；CPU 入出线不应低于10 mil（或 8 mil）；线间距不应低于 10 mil。

（3）正常过孔直径不小于 30 mil。

电源线与地线应尽可能呈放射状，信号线不能出现回环布线。

上述一般布线规则只适用于普通的低密度板设计。

Altium Designer 的 Situs Topological Autorouter 引擎完全集成到了 PCB 编辑器中。Situs 引擎使用拓扑分析来映射板卡空间，在布线过程中判断方向，提供很大的灵活性，可以更加有效地利用不同规则的布线路径。

Altium Designer 也完全双线支持 SPECCTRA 自动布线器，在导出时可自动保持现有板块布线，通过 SPECCTRA 焊盘堆栈控制 Altium Designer，应用网络类别到 SPECCTRA 进行有效的基于类的布线约束，生成 PCB 布线。

Altium Designer 中自动布线的方式灵活多样，根据用户布线的需要，既可以进行全局布线，也可以对指定的区域、网络、元件甚至连接进行布线。因此应根据设计过程中的实际需要选择最佳的布线方式。

自动布线前，一般需要根据设计要求设置布线规则，本任务采用系统默认的布线规则。

任务实施

一、PCB 设计规则

Altium Designer 的 PCB 编辑器在电路板设计过程中执行的任何一个操作，如放置导线、自动布线、交互布线、元件移动等，都是按照设计规则的约束进行的。因此设计规则是否合理将直接影响电路板布线的质量和成功率。

自动布线的参数包括布线的优先级、导线的宽度、拐角模式、过孔的孔径类型和尺寸等。一旦这些参数设定后，自动布线器就会根据这些参数进行相应的布线。所以，自动布线参数设置的好坏决定着自动布线的好坏，用户必须认真设置。

Altium Designer 的 PCB 编辑器设计规则覆盖了电气、布线、制造、放置、信号完整性要求等，其中大部分可以采用系统的默认设置。

在 PCB 的编辑环境中，执行菜单命令 Design|Rules，打开 PCB 设计规则与约束编辑器，如图 4-7 所示。

该编辑器将设计规则分为 10 大类，编辑器左侧以树形结构显示设计规则的类别，右侧显示对应规则的设置属性，有电气特性、布线、电层和测试等参数。

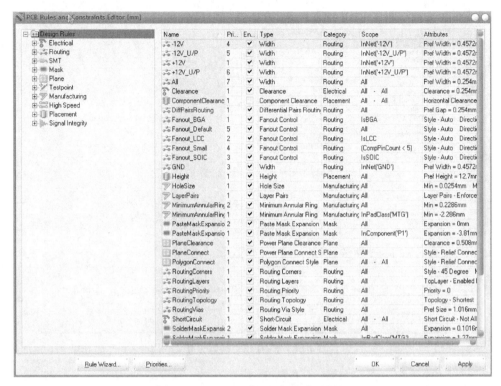

图 4-7 PCB 设计规划与约束编辑器

1 Electrical（电气）设计规则

Electrical 设计规则设置在电路板布线过程中所要遵循的电气方面的规则，包括五个方面：Clearance（安全间距）、Short-Circuit（短路）、Un-Rounted Net（未布线网络）、Un-connected Pin（未连接引脚）和 Unpoured Polygon（未覆铜）。

1）Clearance（安全间距）

Clearance 规则主要用来设置 PCB 设计中的导线、焊盘、过孔及覆铜等导电对象之间的最小安全间距，使它们相互之间不会因为距离太近而产生干扰。

在编辑器左侧规则列表中单击 Electrical|Clearance，Clearance 的各子规则以树形结构展开。系统默认有一个名为 Clearance 的子规则，单击这个子规则名称，编辑器的右边区域将显示这个子规则的使用范围和约束特性，相应设置如图 4-8 所示。默认情况下，整个电路板上的安全间距为 10 mil。

2）Short-Circuit（短路）

Short-Circuit 规则设定电路板上的导线是否允许短路。如图 4-9 所示，在 Constraints 选项区域勾选 Allow short circuit 复选框则允许短路，默认设置为不允许短路。

3）Un-Rounted Net（未布线网络）

Un-Rounted Net 规则用于检查指定范围内的网络是否布线成功，如果网络中有布线不成功的，则该网络上已经布设成功的导线将保留，没有布设成功的将保持飞线，如图 4-10 所示。

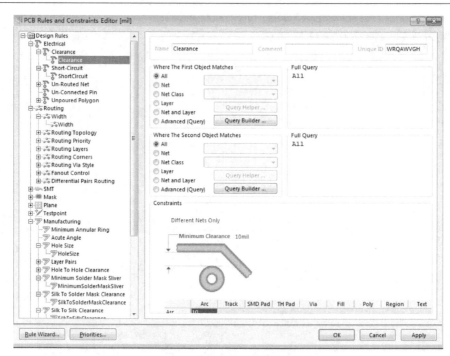

图 4 - 8   Clearance 规则设置

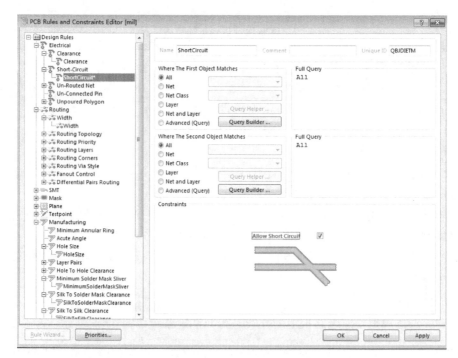

图 4 - 9   Short-Circuit 规则设置

4）Un-Connected Pin（未连接引脚）

Un-Connected Pin 规则用于检查指定范围内的元件引脚是否连接成功。默认情况下，

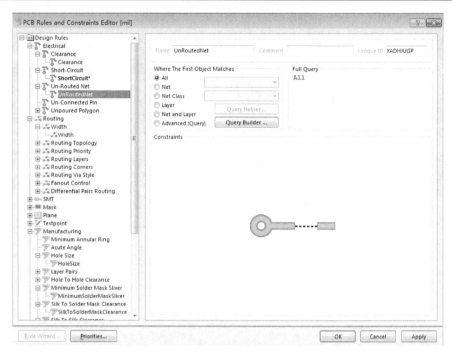

图 4-10　Un-Routed Net 规则设置

这是一个空规则，如果用户需要设置相关的规则，则选中该规则后单击右键，在弹出菜单中选择添加新规则，然后进行相关设置，如图 4-11 所示。

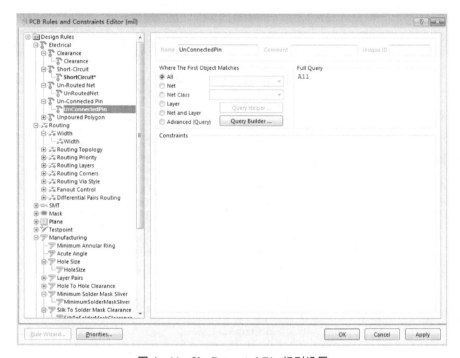

图 4-11　Un-Connected Pin 规则设置

5）Unpoured Polygon(未覆铜)

未覆铜设计规则用于检查指定范围内覆铜是否成功。默认情况下不覆铜，如果用户需要设置相关的规则，则选中该规则后单击右键，在弹出菜单中选择添加新规则，然后进行相关设置，如图 4 - 12 所示。

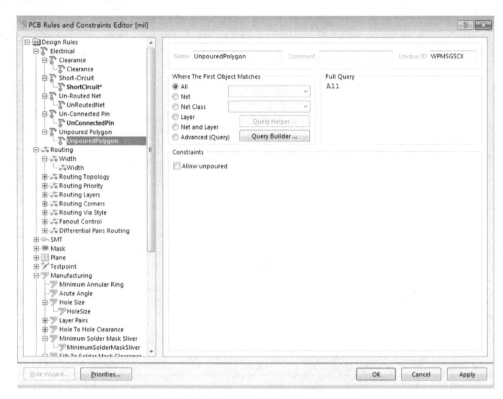

图 4 - 12　**Unpoured Polygon 规则设置**

2　Routing（布线）设计规则

Routing 设计规则是自动布线器进行自动布线的重要依据，其设置是否合理将直接影响到布线质量的好坏和布通率的高低。

在编辑器左侧规则列表中单击 Routing 前面的＋符号，展开布线规则，可以看到有 8 项子规则，如图 4 - 13 所示。

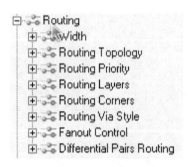

图 4 - 13　**Routing 设计规则**

1) Width(布线宽度)

Width 规则主要用于设置 PCB 布线时允许采用的导线宽度,有最大、最小和优选之分。最大和最小宽度确定了导线的宽度范围,而优选尺寸为系统采用的默认宽度值,它们的设置都是在 Constraints 选项区域内完成,如图 4-14 所示。

Constraints 选项区域内有两个复选框。一个是 Charactertic lmpedance Drivern Width (特征阻抗驱动宽度),选中该复选框后,将显示铜膜导线的特征阻抗值,设计者可以对最大、最小以及最优阻抗进行设置。另一个是 Layers in layerstack only(只有图层堆栈中的层),选中该复选框后,当前的宽度规则仅应用于在图层堆栈中设置的工作层,否则将适用于所有的电路板层,系统默认设置为选中该复选框。

Altium Designer 14 的设计规则系统有一个强大的功能,即针对不同的目标对象,可以定义同类型的多重规则,设计规则系统将根据预定义等级决定将哪一个规则具体应用到哪一个对象上。例如,设计者可以定义一个适用于整个 PCB 的导线宽度约束规则,由于接地网络的导线与一般的连接导线不同,需要尽量粗些,因此设计者需要再定义一个宽度的约束规则,该规则将忽略前一个规则,而在接地网络上某些特殊的连接可能还需要设计者定义第三个宽度约束规则,该规则将忽略前面两个规则。所有定义的规则将会根据优先级别顺序显示。

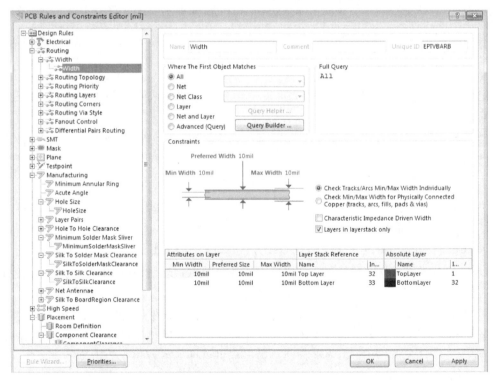

图 4-14　Width 规则设置

2) Routing Topology(布线拓扑)

Routing Topology 规则主要用于设置自动布线时候的拓扑逻辑,即同一网络内各个节点间的布线方式,设置窗口如图 4-15 所示。

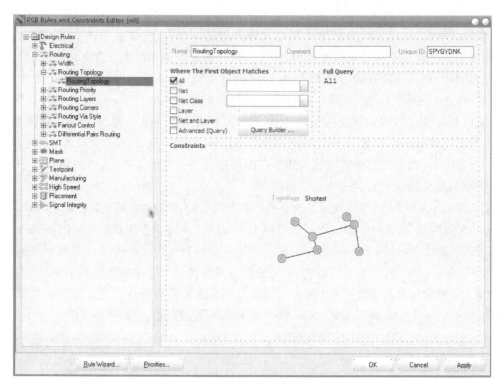

图 4 - 15　Routing Topology 规则设置

此规则有七种布线方式可供选择,在 Constraints 选项区域中单击 Topology 栏下拉列表框可见。

(1) Shortest:即最短路径布线方式,是系统默认使用的拓扑逻辑,如图 4 - 16 所示。

(2) Horizontal:即优先水平布线方式,水平与垂直比为 5∶1。若元件布局时,水平方向上空间较大,可以考虑采用该拓扑逻辑进行布线,如图 4 - 17 所示。

(3) Vertical:即优先竖直布线方式。与上一种拓扑逻辑刚好相反,采用该拓扑逻辑进行布线时,系统将尽可能地选择竖直方向的布线,垂直与水平比为 5∶1,如图 4 - 18 所示。

(4) Daisy-simple:即简单菊花链状布线方式,如图 4 - 19 所示。该方式需要指定起点和终点,其含义是在起点和终点之间连通网络上的各个节点,并且使连线最短。如果设计者没有指定起点和终点,系统将会采用 Shortest 布线。

(5) Daisy-MidDriven:即中间驱动菊花链状布线方式,如图 4 - 20 所示。该方式也需要指定起点和终点,其含义是以起点为中心向两边的终点连通网络上的各个节点,起点两边的中间节点数目不一定要相同,但要使连线最短。如果设计者没有指定起点和两个终点,系统将会采用 Shortest 布线。

(6) Daisy-Balanced:即平衡菊花链状布线方式,如图 4 - 21 所示。该方式也需要指定起点和终点,其含义是将中间节点平均分组,所有的组都连接在同一个起点上,组内各节点间用串联的方式连接,并且使连线最短。如果设计者没有指定起点和终点,系统将会采用 Shortest 布线。

（7）Starburst：即星型扩散布线方式，如图 4 - 22 所示。该方式是指网络中的每个节点都直接和起点相连接，如果设计者指定了终点，那么终点不直接和起点连接；如果没有指定起点，那么系统将试着轮流以每个节点作为起点去连接其他各个节点，找出连线最短的一组连线作为网络的布线方式。

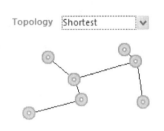

图 4 - 16　Shortest 布线方式

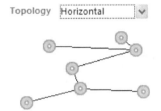

图 4 - 17　Horizontal 布线方式

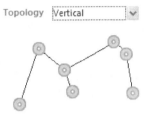

图 4 - 18　Vertical 布线方式

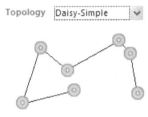

图 4 - 19　Daisy-simple 布线方式

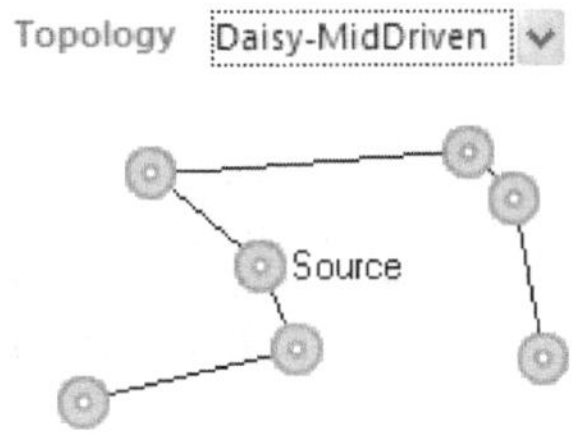

图 4 - 20　Daisy-MidDriven 布线方式

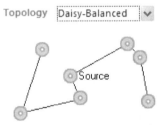

图 4 - 21　Daisy-Balanced 布线方式

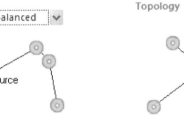

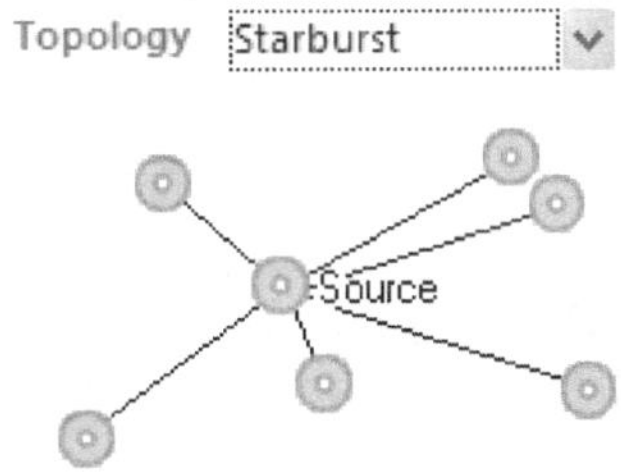

图 4 - 22　Starburst 布线方式

3）Routing Priority（布线优先级别）

Routing Priority 规则主要用于设置 PCB 中网络布线的先后顺序，优先级别高的网络先进行布线，优先级别低的网络后进行布线。优先级别可以设置的范围是 0～100，数字越大，级别越高。Routing Priority 规则的添加、删除和使用范围的设置等操作方法与前述相似，不再重复。优先级别在 Constraints 选项区域的 Routing Priority 选项中设置，可以直接输入数字，也可以用增减按钮调节，如图 4 - 23 所示。

4）Routing Layers（布线板层）

Routing Layers 规则用于设置允许自动布线的板层，如图 4 - 24 所示。通常为了降低布

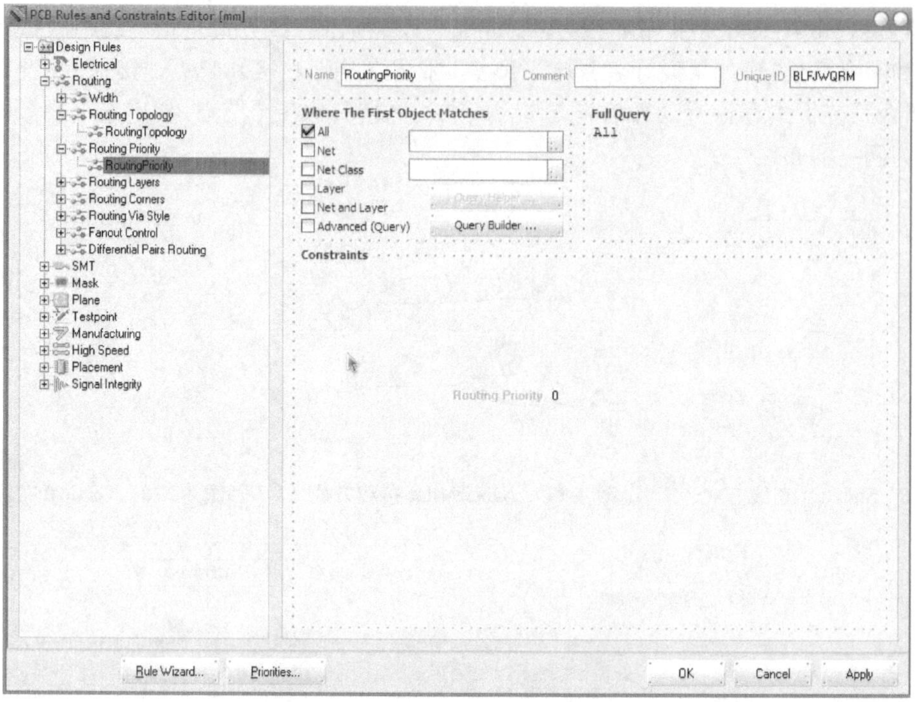

图 4 - 23　Routing Priority 规则设置

线间的耦合面积,减少干扰,不同层的布线需要设置成不同的走向,如双面板,默认状态下顶层为垂直走向,底层为水平走向。如果用户需要更改布线的走向,需打开 Layer Directions(层布线方向)对话框进行设置。设置方法如下所述。

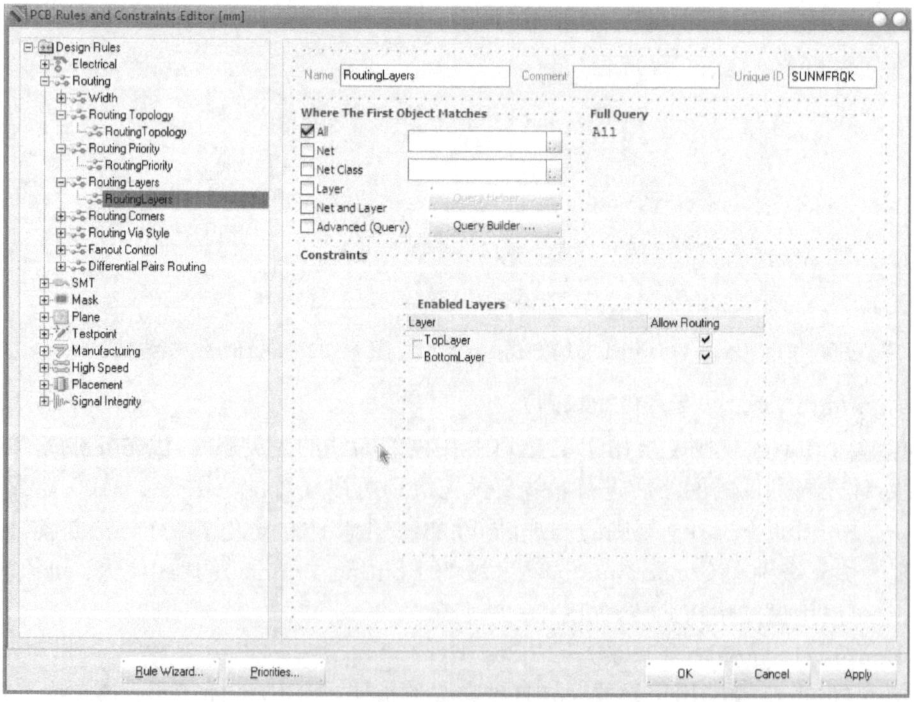

图 4 - 24　Routing Layers 规则设置

执行菜单命令 Auto Route | Setup…，打开 Situs Routing Strategies（自动布线策略）对话框，如图 4 - 25 所示。

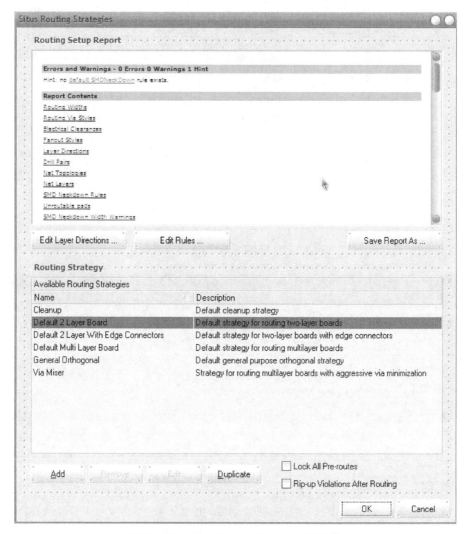

图 4 - 25　Situs Routing Strategies 对话框

单击 Edit Layer Directions … 按钮，打开 Layer Directions 对话框，如图 4 - 26 所示。单击每层的 Current Setting 选项，从下拉列表框中选择合适的布线方向。

5）Routing Corners（布线转角）

用于设置走线的转角方式，共有三种，如图 4 - 27～图 4 - 29 所示。

6）Routing Via Style（布线过孔样式）

Routing Via Style 规则用于设置布线过程中自动放置的过孔尺寸。在 Constraints 选项区域，有 Via Diameter（过孔直径）和 Via Hole Size（过孔的钻孔直径）参数需要设置，如图 4 - 30 所示。

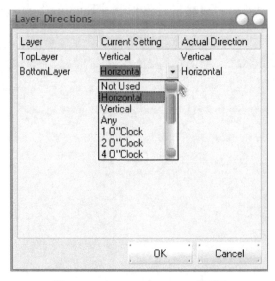

图 4 - 26　Layer Directions 对话框

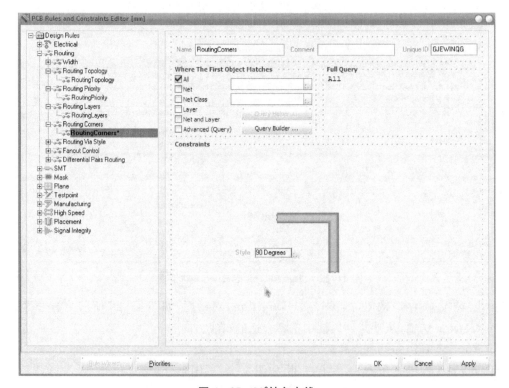

图 4 - 27　90°转角布线

7）Fanout Control（扇出控制）

Fanout Control 主要用于球栅阵列、无引线芯片座等特殊元件的布线控制。

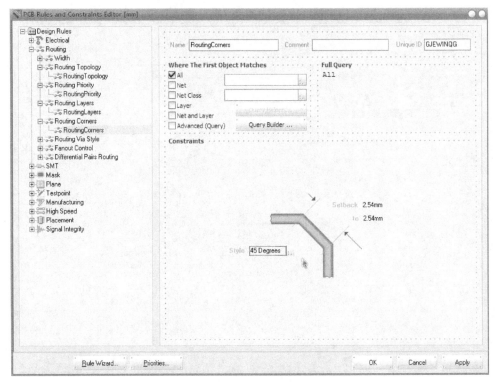

图 4 - 28　45°转角布线

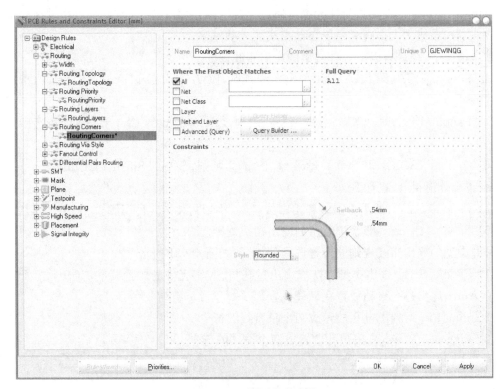

图 4 - 29　圆弧转角布线

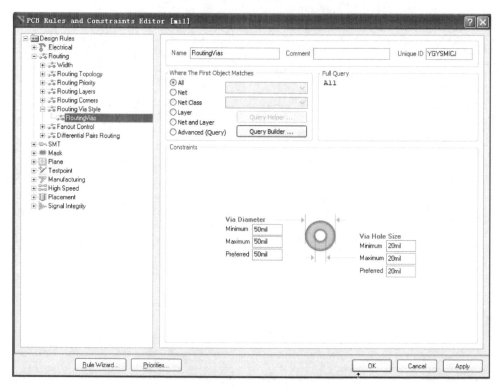

图 4 - 30   Routing Via Style 规则设置

所谓扇出,就是把表贴式元件的焊盘通过导线引出并加以过孔,使其可以在其他层上继续布线。扇出布线大大提高了系统自动布线的成功概率。

默认情况下,系统有以下五种类型的扇出布线规则。

(1) Fanout_BGA:即 BGA 封装扇出布线规则,BGA(Ball Grid Array Package)指球栅阵列封装。

(2) Fanout_LCC:即 LCC 封装扇出布线规则,LCC(Leadless Chip Carrier)指无引脚芯片封装。

(3) Fanout_SOIC:即 SOIC 封装扇出布线规则,SOIC(Small Out-line Integrated Circuit)指小外形封装,也称 SOP。

(4) Fanout_Small:即小型封装扇出布线规则,小型封装指元件引脚少于五个的封装。

(5) Fanout_Default:即系统默认的扇出布线规则。

每种类型的扇出布线规则的设置选项都相同,如图 4 - 31 所示。

(1) Fanout Style(扇出类型):选择扇出过孔与 SMT 元件的放置关系,有五个选项。

① Auto:扇出过孔自动放置在最佳位置。

② Inline Rows:扇出过孔放置成两个呈直线的行。

③ Staggered Rows:扇出过孔放置成两个交叉的行。

④ BGA:扇出重现 BGA。

⑤ Under Pads:扇出过孔直接放置在 SMT 元件的焊盘下。

（2）Fanout Direction（扇出方向）：确定扇出的方向，有六个选项。

① Disable：不扇出。

② In Only：只向内扇出。

③ Out Only：只向外扇出。

④ In Then Out：先向内扇出，空间不足时再向外扇出。

⑤ Out Then In：先向外扇出，空间不足时再向内扇出。

⑥ Alternating In and Out：扇出时先内后外交替进行。

（3）Direction From Pad（焊盘扇出方向）：选择焊盘扇出的方向，有六个选项。

① Away From Center：以 45°向四周扇出。

② North-East：以东北向 45°扇出。

③ South-East：以东南向 45°扇出。

④ South-West：以西南向 45°扇出。

⑤ North-West：以西北向 45°扇出。

⑥ Towards Center：以 45°向中心扇出。

（4）Via Placement Mode（扇出过孔放置模式）：选择扇出过孔的放置模式，有两个选项。

① Close To Pad（Follow Rules）：过孔放置在接近焊盘的位置。

② Centered Between Pads：过孔放置在两焊盘之间。

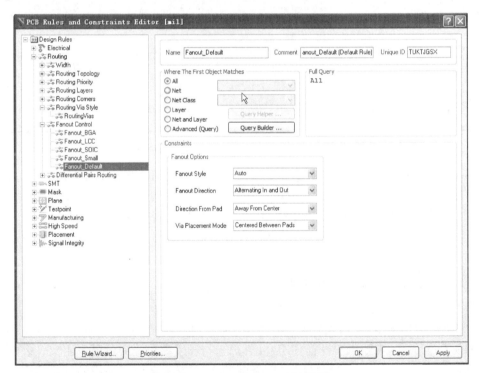

图 4-31　Fanout Control 规则设置

8）Differential Pairs Routing（差分对布线）

Altium Designer 14 的 PCB 编辑器为设计者提供了交互式差分对布线支持。在完整的设计规则约束下,设计者可以交互式地同时对所创建差分对中的两个网络进行布线,即使用交互式差分对布线器从差分对中选取一个网络,对其进行布线,而该差分对中的另外一个网络将遵循第一个网络的布线规则,布线过程中保持指定的布线宽度和间距。差分对既可以在原理图编辑器中创建,也可以在 PCB 编辑器中创建。

Differential Pairs Routing 规则主要用于对一组差分对设置相应的参数,如图 4 - 32 所示。

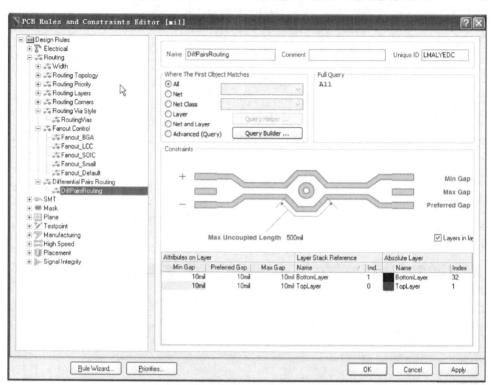

图 4 - 32　Differential Pairs Routing 规则设置

Constraints 选项区域内需要对差分对中的两个网络之间的最小间距(Min Gap)、最大间距(Max Gap)、优选间距(Preferred Gap)以及最大耦合长度(Max Uncoupled Length)进行设置,以便在交互式差分对布线器中使用。可在 DRC 中进行差分对布线验证。

选中 Layers in layerstack only 复选框后,下面的列表中只显示图层堆栈中定义的工作层。

3　SMT(表贴式焊盘)设计规则

SMT 设计规则是主要针对表贴式元件的布线规则。

1) SMD To Corner(表贴式焊盘与导线拐角的连接间距)

SMD To Corner 规则用于设置 SMD 元件焊盘与导线拐角之间的最小距离。表贴式焊盘的引出线一般是引出一段长度之后才开始拐弯,这样就不会出现和相邻焊盘距离太近的情况。用鼠标右键单击 SMD To Corner,在弹出菜单中选择添加新规则命令 New Rule…,在 SMD To Corner 规则下出现一个名为 SMD ToCorner 的新子规则,单击该子规则,打开规则设置界面,在 Constraints 选项区域进行设置,如图 4 - 33 所示。

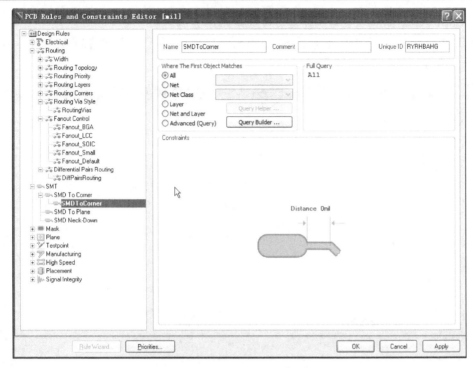

图 4 - 33　SMD To Corner 规则设置

2) SMD To Plane(表贴式焊盘与内电层的连接间距)

SMD To Plane 规则用于设置 SMD 与内电层(Plane)的焊盘或过孔之间的距离。表贴式焊盘与内电层的连接只能用过孔来实现,这个规则指出要离 SMD 焊盘中心多远才能使用过孔与内电层连接。在 Constraits 选项区域,Distance 的默认值为 0 mil,如图 4 - 34 所示。

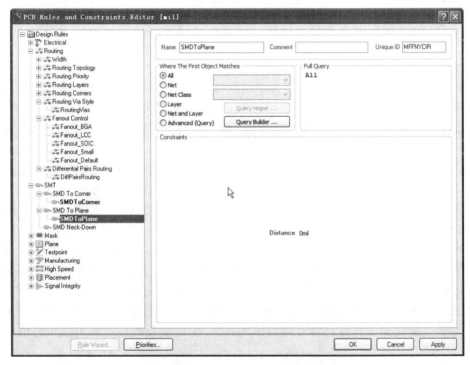

图 4 - 34　SMD To Plane 规则设置

3）SMD Neck Down（表贴式焊盘引线收缩比）

SMD Neck Down 规则用于设置 SMD 引出线宽度与 SMD 元件焊盘宽度之间的比值关系，默认值为 50%，如图 4-35 所示。

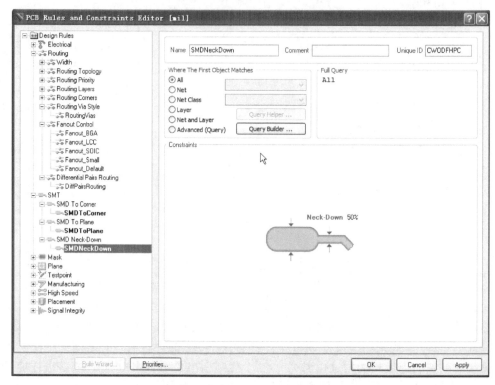

图 4-35　SMD Neck Down 规则设置

4　Mask（阻焊层）设计规则

Mask 设计规则用于设置阻焊层、锡膏防护层与焊盘的间隔规则。

1）Solder Mask Expansion（阻焊层扩展）

通常阻焊层除焊盘或过孔外，整面都铺满阻焊剂。阻焊层的作用是防止不该被焊上的部分被焊锡连接，回流焊就是靠阻焊层实现的。板子整面经过高温的锡水，没有阻焊层的裸露电路板就粘锡被焊住了，而有阻焊层的部分则不会粘锡。阻焊层还可提高布线的绝缘性、防氧化和增加美观。

在制作电路板时，先使用 PCB 设计软件设计的阻焊层数据制作绢板，再用绢板把阻焊剂（防焊漆）印制到电路板上时，焊盘或过孔处被空出，空出的面积要比焊盘或过孔大一些，这就是阻焊层扩展设置。如图 4-36 所示，在 Constraints 选项区域设置 Expansion 参数。

2）Paste Mask Expansion（锡膏防护层扩展）

表贴式元件在焊接前，先要对焊盘涂一层锡膏，然后将元件贴在焊盘上，再用回流焊机焊接。在大规模生产时，表贴式焊盘的涂膏是通过一个钢模完成的。钢模上对应焊盘的位置按焊盘形状镂空，涂膏时将钢模覆盖在电路板上，将锡膏放在钢模上，用刮板来回刮，锡膏透过镂空的部分涂到焊盘上。PCB 设计软件的锡膏层或锡膏防护层的数据层就是用来制作钢模的，钢模上镂空的面积要比设计焊盘的面积小，此处设置的规则即是这个差值的最大

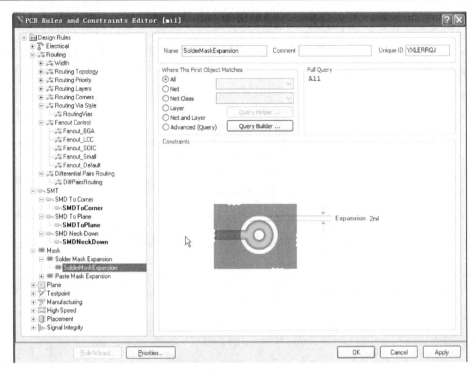

图 4 - 36　Solder Mask Expansion 规则设置

值。如图 4 - 37 所示,在 Constraints 选项区域设置 Expansion 参数值,即钢模镂空比设计焊盘收缩多少,默认值为 0 mil。

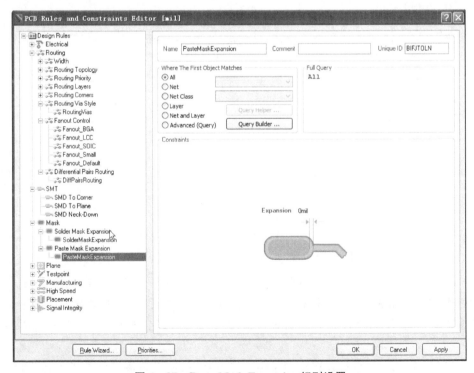

图 4 - 37　Paste Mask Expansion 规则设置

5　Plane（内电层）设计规则

焊盘、过孔与内电层之间的连接方式可以在 Plane 设计规则中设置。打开 PCB 规则与约束编辑器，在左侧的规则列表中单击 Plane 前面的＋符号，出现三项子规则，如图 4 - 38 所示。

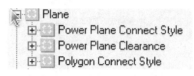

图 4 - 38　Plane 设计规则

1）Power Plane Connect Style（内电层连接方式）

Power Plane Connect Style 规则主要用于设置属于内电层网络的过孔或焊盘与内电层的连接方式，设置界面如图 4 - 39 所示。

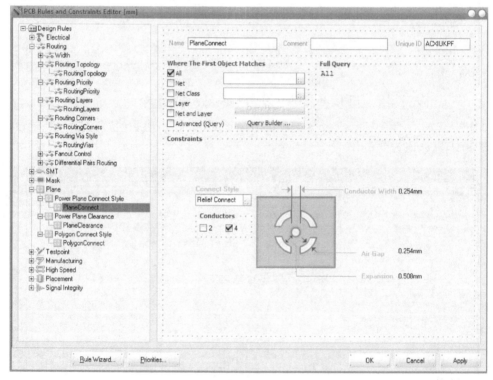

图 4 - 39　Power Plane Connect Style 规则设置

在 Constraints 选项区域内提供了 3 种连接方式。

（1）Relief Connect（辐射连接）：即过孔或焊盘与内电层通过几根连接线连接，是一种可以降低热扩散速度的连接方式，避免因散热太快而导致焊盘和焊锡之间无法良好融合。在这种连接方式下，需要选择连接导线的数目（2 或者 4），并设置导线宽度、空隙间距和扩展距离。

（2）Direct Connect（直接连接）：在这种连接方式下，不需要进行任何设置，焊盘或者过孔与内电层之间的阻值比较小,但焊接比较麻烦。对于一些有特殊导热要求的地方,可采用该连接方式。

(3) No Connect(不连接):即不进行连接。

系统默认设置为 Relief Connect,这也是工程制版常用的连接方式。

2) Power Plane Clearance(内电层安全间距)

Power Plane Clearance 规则主要用于设置不属于内电层网络的过孔或焊盘与内电层之间的间距,设置界面如图 4 - 40 所示,只需要在 Constraints 选项区域内设置适当的间距值即可。

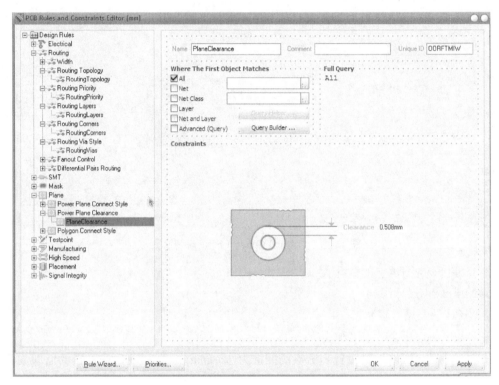

图 4 - 40　Power Plane Clearance 规则设置

3) Polygon Connect Style(覆铜连接方式)

Polygon Connect Style 规则用于设置敷铜与焊盘的连接方式,设置界面如图 4 - 41 所示。可以看到,其与 Power Plane Connect Style 规则设置界面基本相同,只是在 Relief Connect 方式中多了一个角度控制选择,用于设置焊盘和覆铜之间连接线的分布方式,即采用 45 Angle(45°角)时,连接线呈"×"状;采用 90 Angle(90°角)时,连接线呈"+"状。

6　Testpoint（测试点）设计规则

Testpoint 设计规则用于设置测试点的样式和使用方法。

1) Testpoint Style(测试点样式)

Testpoint Style 规则用于设置测试点的形状和大小,设置界面如图 4 - 42 所示。

(1) Style 区域包括 Size 和 Hole Size 两栏,每栏都有三个选项。

① Size:测试点的大小。

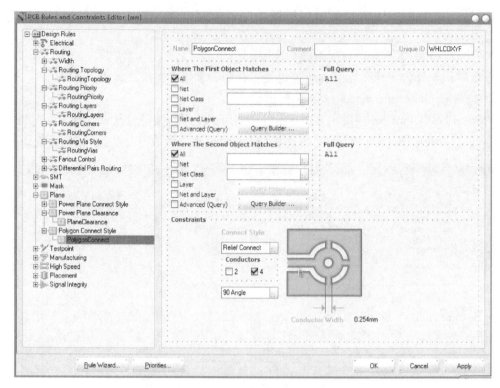

图 4‑41   Polygon Connect Style 规则设置

② Hole Size：测试点的钻孔大小。

③ Min：最小尺寸限制。

④ Max：最大尺寸限制。

⑤ Preferred：最优尺寸限制。

（2）Grid Size 区域设置放置测试点的网格大小，Testpoint Grid Size 参数的值即放置测试点的网格大小。

（3）Allow testpoint under component：勾选该复选框后，测试点可以放置在元件（封装）下面。

（4）Allow Side and Order 列表框中是允许放置测试点的层和命令。

① Use Existing SMD Bottom Pad：使用现成的底层表贴式焊盘作为测试点。

② Use Existing Thru-Hole Bottom Pad：使用现成的底层针脚式焊盘作为测试点。

③ Use Existing Via ending on Bottom Layer：使用现成的结束端在底层的过孔作为测试点。

④ Create New SMD Bottom Pad：在底层新建表贴式焊盘作为测试点。

⑤ Create New Thru-Hole Bottom Pad：在底层新建针脚式焊盘作为测试点。

⑥ Use Existing SMD Top Pad：使用现成的顶层表贴式焊盘作为测试点。

⑦ Use Existing Thru-Hole Top Pad：使用现成的顶层针脚式焊盘作为测试点。

⑧ Use Existing Via Starting on Top Layer：使用现成的开始端在顶层的过孔作为测试点。

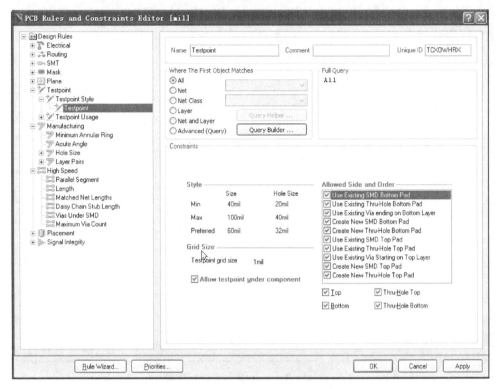

图 4 - 42 Testpoint Style 规则设置

⑨ Create New SMD Top Pad:在顶层新建表贴式焊盘作为测试点。

⑩ Create New Thru-Hole Top Pad:在顶层新建针脚式焊盘作为测试点。

2) Testpoint Usage(测试点使用方法)

Testpoint Usage 规则用于设置测试点的用法,如图 4 - 43 所示。

(1) Allow multiple testpoints on same net:勾选该复选框后允许在同一个网络上设置多个测试点。

(2) Required:测试点是必要的。

(3) Invalid:测试点是不必要的。

(4) Don't care:有无测试点都没有关系。

7 Manufacturing(制板)设计规则

Manufacturing 规则主要设置与电路板制造有关的规则。

1) Minimum Annular Ring(最小环宽)

Minimum Annular Ring 规则用于设置环形布线的最小宽度,即焊盘或过孔与其钻孔之间的直径之差,设置界面如图 4 - 44 所示。

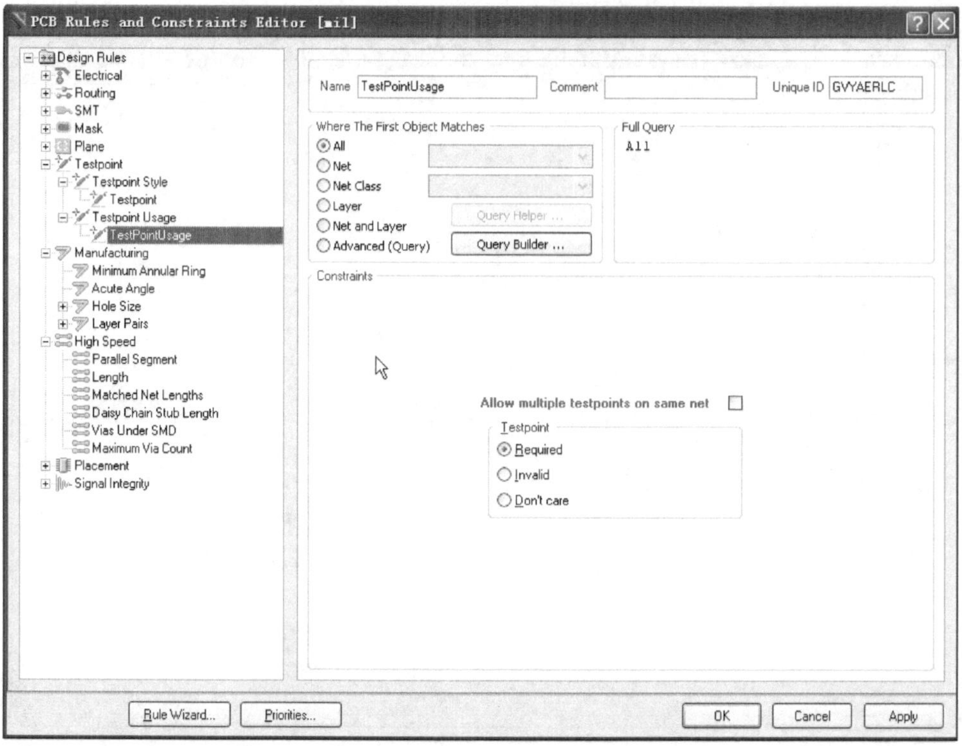

图 4-43 Testpoint Usage 规则设置

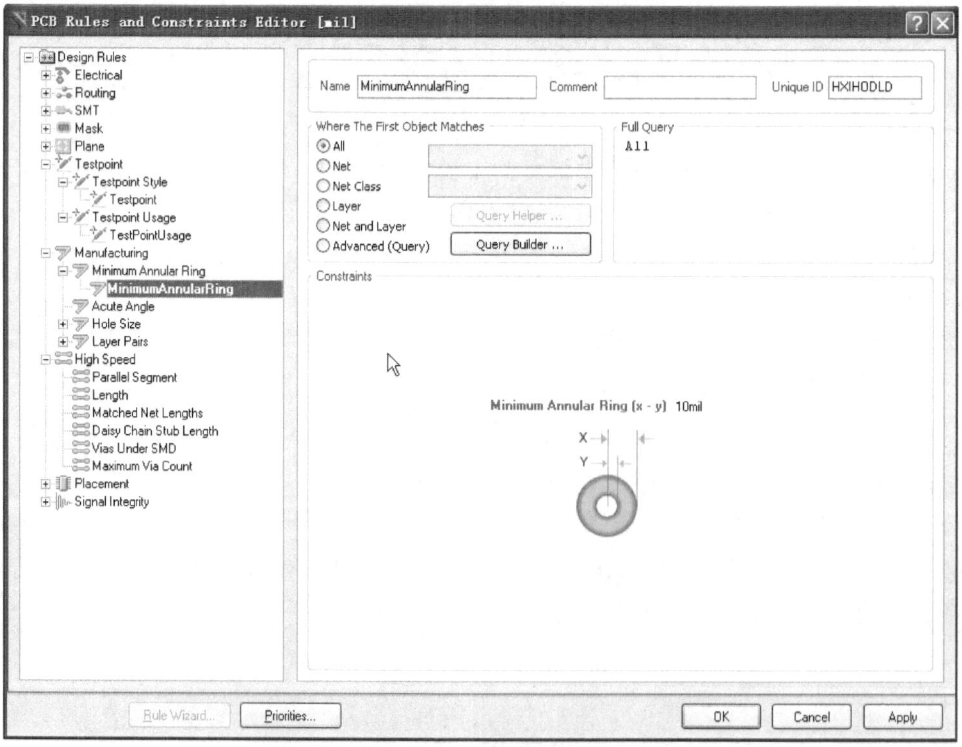

图 4-44 Minimum Annular Ring 规则设置

2) Acute Angle(最小夹角)

Acute Angle 规则用于设置具有电气特性的布线之间的最小夹角。最小夹角应不小于 $90°$,否则将会在蚀刻后容易残留药物,导致过度蚀刻,设置界面如图 4-45 所示。

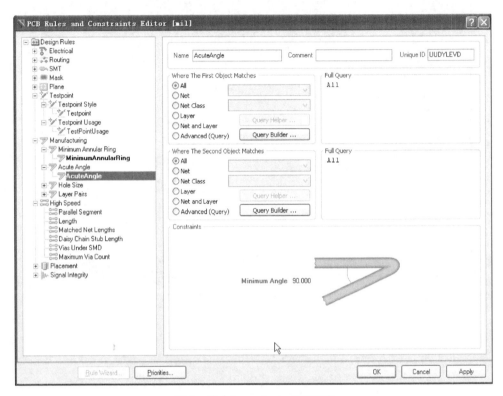

图 4-45 Acute Angle 规则设置

3) Hole Size(钻孔尺寸)

Hole Size 规则用于设置钻孔直径,设置界面如图 4-46 所示。

(1) Measurement Method(标注方法):设置钻孔尺寸标注方法,下拉列表框中有两个选项。

① Absolute(绝对):采用绝对尺寸标注钻孔直径。

② Percent(百分比):采用钻孔直径最大尺寸和最小尺寸的百分比标注钻孔尺寸,如图 4-47 所示。

(2) Minimum(最小):设置钻孔直径的最小尺寸。

(3) Maximum(最大):设置钻孔直径的最大尺寸。

4) Layer Pairs(钻孔板层对)

Layer Pairs 规则用于设置是否允许使用钻孔板层对。设置界面如图 4-48 所示,在 Constraints 选项区域若勾选 Enforce layer pairs settings 复选框则强制采用钻孔板层对设置。

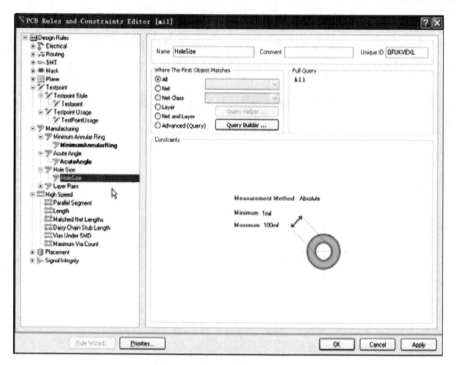

图 4-46　Hole Size 规则设置

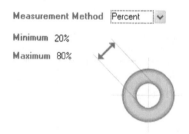

图 4-47　采用百分比标注钻孔尺寸

8　High Speed（高频）设计规则

High Speed 规则用于设置高频电路设计的有关规则。

在数字电路中,是不是高频电路取决于信号的上升沿,而不是信号的频率,计算公式为:$F_2=1/(T_r \cdot \pi)$,其中 T_r 为信号的上升沿/下降沿时间。

若 $F_2>100$ MHz,就应该按照高频电路考虑电路设计。在下列情况必须按高频规则进行设计:

① 系统时钟频率超过 50 MHz。

② 采用了上升/下降时间少于 5 ns 的器件。

③ 电路为数字、模拟混合电路。

随着系统设计复杂性和集成度的大规模提高,电子系统设计师们正在从事 100 MHz 以上频率的设计,总线的工作频率也已经达到或者超过 50 MHz,有的甚至超过 100 MHz。目

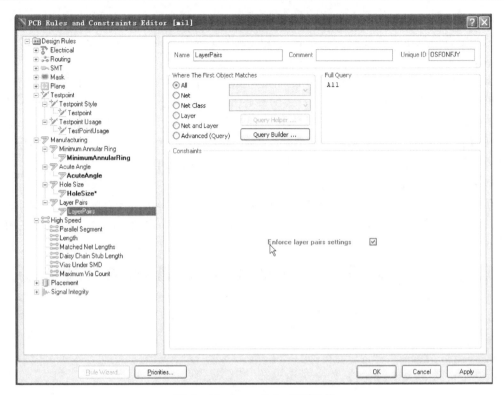

图 4 - 48　Layer Pairs 规则设置

前约 50% 的设计时钟频率超过 50 MHz，将近 20% 的设计主频超过 120 MHz。

　　当系统工作在 50 MHz 时，将产生传输线效应和信号完整性问题。而当系统始终工作在 120 MHz 时，基于传统方法设计的 PCB 将无法工作。因此，高频电路设计技术已经成为电子系统设计师必须采取的设计手段。只有使用高频电路设计技术，才能实现设计过程的可控性。

　　通常如果线传播延时大于 1/2 数字信号驱动端的上升沿时间，则认为此类信号是高速信号并产生传输线效应。

　　PCB 上每单位英寸的延时为 0.167 ns，但是如果过孔多、器件引脚多，那么布线上设置的约束多，延时将增大。

　　如果设计中有高速跳变的边沿，就必须考虑到 PCB 上存在的传输线效应问题。现在普遍使用的具有很高时钟频率的快速集成电路芯片更是存在这样的问题。解决这个问题有一些基本原则：如果采用 CMOS 或 TTL 电路进行设计，工作频率小于 10 MHz 时，布线长度应不大于 7 in；工作频率在 50 MHz 时，布线长度应不大于 1.5 in；工作频率达到或超过 75 MHz 时，布线长度应在 1 in；对于 GaAs（砷化镓）芯片，最大的布线长度应为 0.3 in，如果超过这个标准，就存在传输线效应。

　　解决传输线效应的另一个方法是选择正确的布线路径和走线拓扑结构。走线的拓扑结构是指一根网线的布线顺序及布线结构。当使用高速逻辑器件时，除非走线分支的长度保持很短，否则边沿快速变化的信号将被信号主干走线上的分支走线所扭曲。通常情况下，PCB 走线采用两种基本的拓扑结构，即 Daisy（菊花链）布线和 Star（星型）布线。

Daisy 布线从驱动端开始,依次达到各接收端。如果使用串联电阻来改变信号特性,串联电阻的位置应该紧靠驱动端。在控制走线的高次谐波干扰方面,Daisy 走线效果最好,但是布通率较低。

Star 布线可以有效避免时钟信号的不同步问题,但在密度很高的 PCB 上手工完成布线很困难,采用自动布线器是完成 Star 布线的最好方法。每条分支上都需要终端电阻。终端电阻的阻值应和连线的特征阻抗相匹配,这可通过手工,也可通过设计工具计算出来。

高频电路的设计规则是影响高频电路板设计成功与否的关键,Altium Designer 提供了六大类高频电路设计规则,为用户进行高频电路设计提供了最有力的支持。

1) Parallel Segment(平行线段)

在高频电路中,长距离的平行走线往往会引起线间串扰,串扰的程度随着长度和间距而变化。这个设计规则限定了两个平行连线元素的间距,设置界面如图 4 - 49 所示,可在相应输入框中输入数据进行设置。

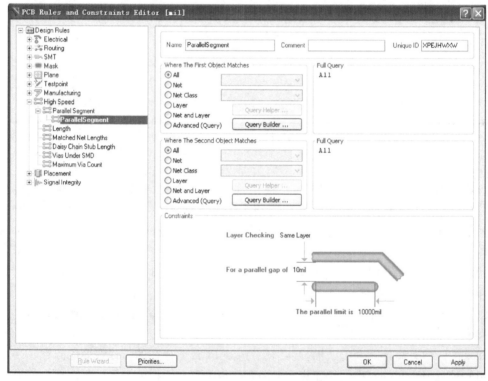

图 4 - 49　Parallel Segment 规则设置

(1) Layer Checking 选项用于指定平行布线层,其下拉列表框中有两个选项:

① Same Layer:同一层。

② Adjacent Layer:相邻层。

(2) For a parallel gap of 选项用于设置平行布线的最小间距,默认值为 10 mil。

(3) The parallel limit is 选项用于设置平行布线的极限长度,默认值为 10 000 mil。

2) Length(网络长度)

这个设计规则用于指定一个网络的最大、最小长度,可在相应输入框中输入数据,如图 4

-50 所示。

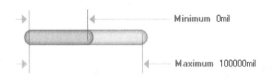

图 4-50 Length 规则设置

3）Matched Net Lengths（匹配网络长度）

这个设计规则用于指定不同长度网络的相等匹配公差。PCB 编辑器定位于最长的网络（基于规则适用范围），并与适用范围内的每一个其他网络比较。该规则定义怎样匹配不符合匹配长度要求的网络长度。PCB 编辑器插入部分折线，以使它们长度相等。

如果希望 PCB 编辑器通过增加折线匹配网络长度，可以设置 Matched Net Lengths 规则，然后执行菜单命令 Tools|Equalizer Nets。该规则将被应用到规则指定的网络，而且折线将被加到那些超过公差的网络中。成功的概率取决于可得到的折线空间大小和被用到的折线的式样。在规则设置界面的 Style 下拉列表框中可以选择折线样式，90 Degrees（90°）样式是最紧凑的，Rounded（圆角）样式是最不紧凑的，如图 4-51～图 4-53 所示。选择好折线样式后可在 Amplitude 文本框中输入的折线的振幅高度。

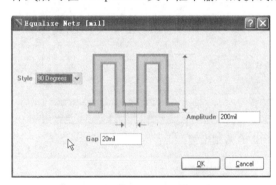

图 4-51 90°折线匹配长度设置

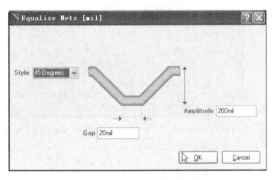

图 4-52 45°折线匹配长度设置

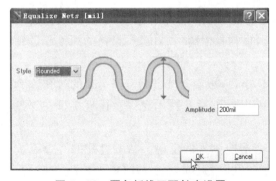

图 4-53 圆角折线匹配长度设置

图 4-54 菊花链支线长度设置

4）Daisy Chain Stub Length（菊花链支线长度）

这个设计规则用于设置菊花链走线时支线的最大长度，如图 4-54 所示。

5）Vias Under SMD（SMD 下过孔）

这个设计规则用于设置是否允许在 SMD 焊盘下放置过孔。设置界面如图 4-55 所示，在 Constraints 选项区域中勾选 Allow Vias under SMD Pads 复选框选，则允许在 SMD 下放置过孔。

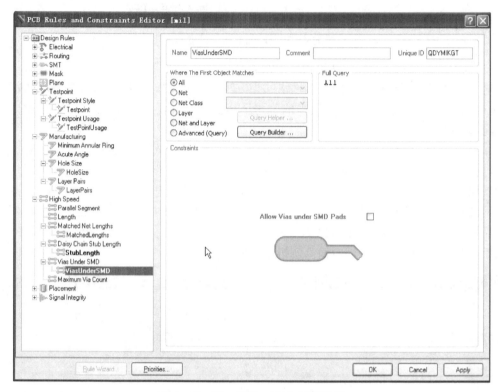

图 4-55　Vias Under SMD 规则设置

6）Maximum Via Count（最大过孔数）

在进行高频 PCB 电路设计时，设计者总是希望过孔越小越好，这样板子上可以留有更多的布线空间。此外，过孔越小，其自身的寄生电容也越小，更适合用于高频电路。但过孔尺寸的减少带来了成本的增加。而且受到钻孔和电镀等工艺技术的限制，过孔的尺寸不可能无限制的减小：孔越小，钻孔需花费的时间越长，也容易偏离中心位置；当孔的深度超过钻孔直径的 6 倍时，就无法保证孔壁均匀覆铜。

随着激光钻孔技术的发展，过孔的尺寸越来越小，一般直径小于等于 6 mil 的过孔称为微孔。在 HDI（高密度互连结构）设计中经常使用到微孔，微孔技术允许过孔直接打在焊盘上，这大大提高了电路性能，节约了布线空间。

过孔在传输线上表现为阻抗不连续的断点，会造成信号的反射。一般过孔的等效阻抗比传输线低 12% 左右，比如 50 Ω 的传输线在经过过孔时，阻抗会减少 6 Ω（具体情况和过孔尺寸、板厚有关，不是绝对会减少多少数值）。但过孔因为阻抗不连续而造成的反射其实是微不足道的，其反射系数仅为 $(50-44)/(50+44)=0.06$，过孔产生的问题更多地集中于寄生电容和电感的影响。

过孔本身存在着杂散电容,如果已知过孔在铺地层上的阻焊区直径为 D_2,过孔焊盘直径为 D_1,PCB 厚度为 T,板基材介电常数为 a,则过孔的寄生电容大小近似于:

$$C = 1.41aTD_1/(D_2 - D_1)。$$

过孔的寄生电容给电路造成的主要影响是延长了信号的上升沿时间,降低了电路的速度。举例来说,对于一块厚度为 50 mil 的 PCB,如果使用的过孔焊盘直径为 20 mil(钻孔直径为 10 mil),阻焊区直径为 40 mil,则可以通过上面的公式近似计算出过孔的寄生电容:

$$C = 1.41 \times 4.4 \times 0.050 \times 0.020/(0.040 - 0.020) = 0.31 \text{ pF}$$

这部分电容引起的信号的上升沿时间变化量大致为

$$T = 2.2C(50/2) = 17.05 \text{ ps}$$

从这些数字可以看出,尽管单个过孔的寄生电容引起的上升沿变缓的效用不是很明显,但是如果走线中多次使用过孔进行层间的切换,就要慎重考虑该问题。实际设计中可以通过增大过孔、覆铜区距离,或者减少焊盘的直径来减少寄生电容。

过孔还存在寄生电容同时也存在寄生电感,在高频数字电路的设计中,过孔的寄生电感带来的危害往往大于寄生电容的影响。寄生串联电感会削弱旁路电容的贡献,减弱整个电源系统的滤波效用。可以用下面的经验公式来简单计算一个过孔的寄生电感:

$$L = 5.08h[\ln(4h/d) + 1]$$

其中,L 是过孔电感,h 是过孔长度,d 是中心钻孔直径。从式中可以看出,过孔的直径对电感的影响较小,而过孔的长度影响最大。仍然采用上面的数据,可以算出:$L = 1.015$ nH。

如果信号上升沿时间是 1 ns,那么其等效阻抗大小为:$X_L = \pi L/T = 3.19$ Ω。这样的阻抗在有高频电流通过时已经不能够被忽略了。特别要注意,旁路电容在连接电源层和接地层的时候需要通过两个孔,这样电感就会成倍增加。

鉴于过孔对高频电路的影响,在设计时应尽可能少使用过孔。Altium Designer 中 Maximum Via Count 规则用于设置高频电路板中使用过孔的最大数目,用户可根据需要设置电路板的总过孔数,或某些对象的过孔数,以提高电路板的高频性能,如图 4-56 所示。

9　Placement（元件布局）设计规则

在 PCB 规则与约束编辑器中设置的元件布局规则会在使用 Cluster Placer 自动布局器的过程中执行,一共有六种规则。

1）Room Definition(元件布置区间定义)

Room Definition 规则用于定义元件放置区间（Room）的尺寸及其所在的板层,如图 4-57 所示。采用元件放置工具栏中的内部排列功能,可以把所有属于这个矩形区域的元件移入这个矩形区域。一旦元件类被指定到某一个矩形区域,矩形区域移动时该元件也会跟着移动。

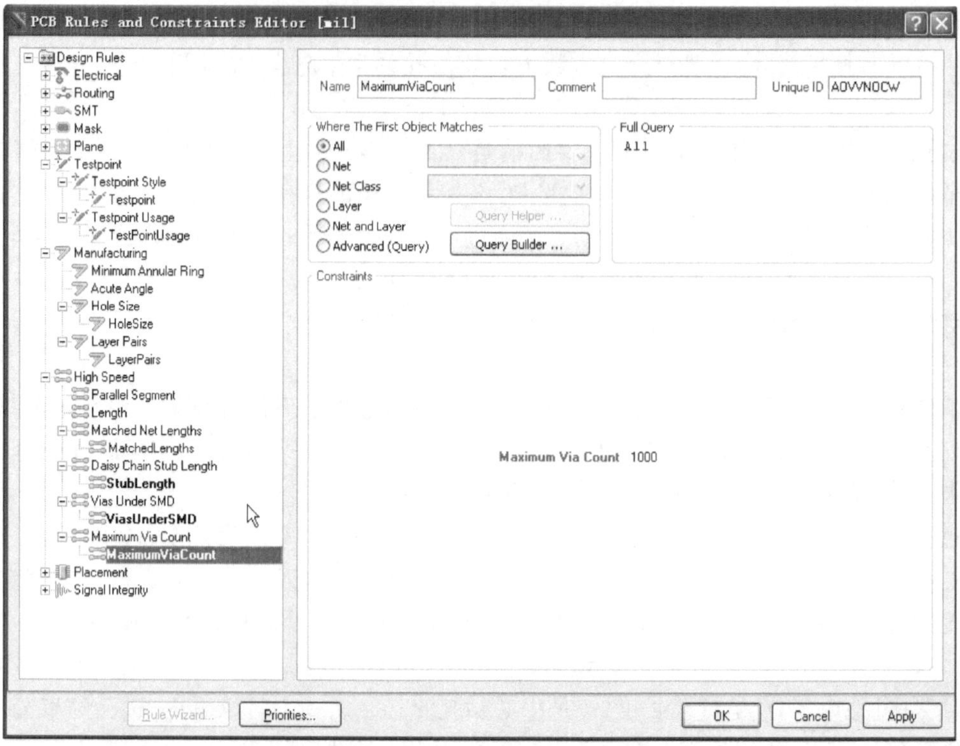

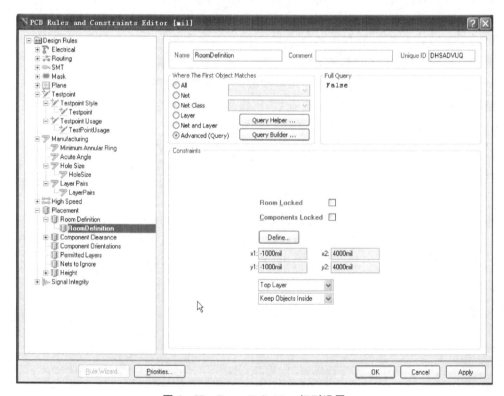

图 4 - 56　Maximum Via Count 规则设置

图 4 - 57　Room Definition 规则设置

（1）Room Locked 复选框用于锁定元件的布置区间，当区间被锁定后，可以选中元件但不能移动或者直接修改其大小。

（2）Components Locked 复选框用于锁定 Room 中的元件。

（3）如果希望在 PCB 图上定义 Room 的位置，则可单击 Define 按钮进入 PCB 图，按照需要用光标画出多边形边界，选取后会自动返回编辑器。Room 可以设置为矩形，也可以设置为多边形，还可以通过(x1,x2),(y1,y2)两点坐标定义 Room 的边界。

（4）在 Constraints 选项区域的第一个下拉列表框中选择当前电路板中的可用层作为 Room 放置层。Room 只能放置在 Top 层和 Bottom 层。

（5）在 Constraints 选项区域的第二个下拉列表框中选择元件放置的位置，有两个选项：

① Keep Objects Inside：元件放置在 Room 内。

② Keep Objects Outside：元件放置在 Room 外。

2）Component Clearance(元件安全间距)

Component Clearance 规则用于设置元件间最小距离，设置界面如图 4-58 所示。

（1）Vertical Check Mode 选项用于设置垂直方向的校验模式。

① Infinite：无明确规定。

② Specified：有明确规定。

（2）Minimum Horizontal Clearance 选项用于设置水平间距最小值。

（3）Minimum Vertical Clearance 选项用于设置垂直间距最小值。

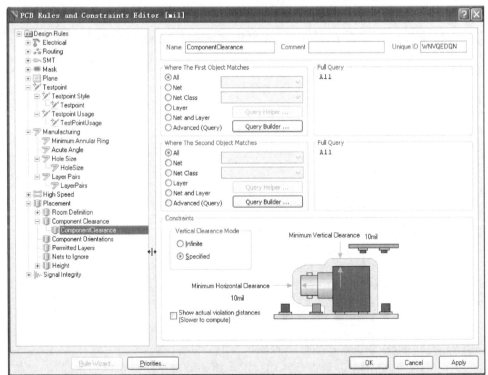

图 4-58　Component Clearance 规则设置

3）Component Orientations（元件放置方向）

Component Orientations 规则用于设置元件封装的放置方向，设置界面如图 4 - 59 所示。

图 4 - 59　Component Orientations 规则设置

4）Permitted Layers（元件放置板层）

Permitted Layers 规则用于设置自动布局时元件封装允许放置的板层，设置界面如图 4 - 60 所示。

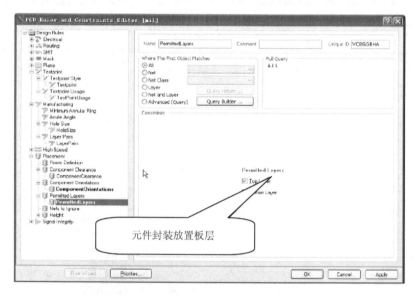

图 4 - 60　Permitted Layers 规则设置

5）Nets to Ignore（元件放置忽略的网络）

Nets to Ignore 规则用于设置自动布局时可忽略的网络。组群式自动布局时，忽略电源网络可使布局速度和质量有所提高，设置界面如图 4 - 61 所示。

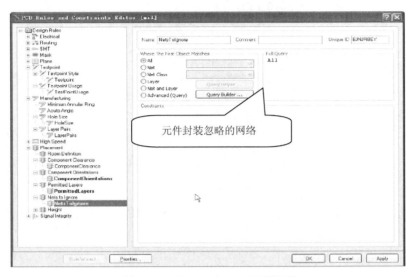

图 4 - 61　Nets to Ignore 规则设置

6）Height（元件高度）

Height 规则用于设置 Room 中元件的高度，不符合规则的元件将不能被放置，设置界面如图 4 - 62 所示。

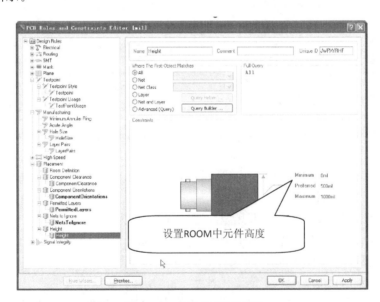

图 4 - 62　Height 规则设置

10　Signal Integrity（信号完整性）设计规则

Signal Integrity 设计则用于信号完整性分析规则的设置，共有 13 项子规则，如图 4 - 63 所示。

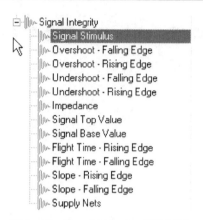

图 4 - 63   **Signal Integrity** 设计规则

1) Signal Stimulus(信号激励)

在 Signal Stimulus 规则中可以设置信号完整性分析和仿真时的激励,用来模拟实际信号传输的情况,设置界面如图 4 - 64 所示。在分析时,激励加到被分析网络的输出型管脚上。

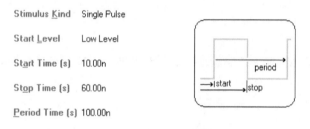

图 4 - 64   **Signal Stimulus** 规则设置

(1) Stimulus Kind 即信号分析时的激励形式,可设置为 Single Pulse(单脉冲)、Constant Level(恒定电平)、Periodic Pulse(周期脉冲),默认值为 Single Pulse。

(2) Start Level 即激励信号初始电平,可设置为 High Level(高电平)、Low Level(低电平),默认值为 Low Level。

(3) Start Time(s)即激励信号开始发生时间,默认值为 10 ns。

(4) Stop Time(s)即激励停止时间,默认值为 60 ns。

(5) Period Time(s)即激励信号周期,默认值为 100 ns。

2) Overshoot-Falling Edge(下降沿过冲)

此规则设置信号分析时允许的最大下降沿过冲,过冲值是最大下降沿过冲和低电平振荡摆中心电平的差值,设置界面如图 4 - 65 所示。

3) Overshoot-Rising Edge(上升沿过冲)

此规则设置信号分析时允许的最大上升沿过冲,过冲值是最大上升沿过冲和高电平振荡摆中心电平的差值,设置界面如图 4 - 66 所示。

4) Undershoot-Falling Edge(下降沿下冲)

此规则设置信号分析时允许的最大下降沿下冲,下冲值是最大下降沿下冲和低电平振荡摆中心电平的差值,设置界面如图 4 - 67 所示。

Maximum (Volts) 1.000

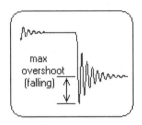

Maximum (Volts) 1.000

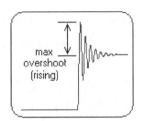

图 4 - 65 **Overshoot-Falling Edge** 规则设置   图 4 - 66 **Overshoot-Rising Edge** 规则设置

5）Undershoot-Rising Edge（上升沿下冲）

此规则设置信号分析时允许的最大上升沿下冲,下冲值是最大上升沿下冲和高电平振荡摆中心电平的差值,设置界面如图 4 - 68 所示。

Maximum (Volts) 1.000

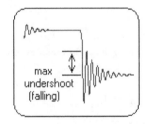

Maximum (Volts) 1.000

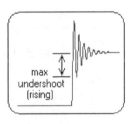

图 4 - 67 **Undershoot-Falling Edge** 规则设置   图 4 - 68 **Undershoot-Rising Edge** 规则设置

6）Impedance（网络阻抗）

此规则设置信号分析时允许的最大、最小网络阻抗。

7）Signal Top Value（信号高电平）

此规则设置信号分析时所用高电平信号的最小电压值,只有超过这个值信号才被看作高电平,信号设置界面如图 4 - 69 所示。

8）Signal Base Value（信号低电平）

此规则设置信号分析时所用低电平信号的最大电压值,只有低于这个值信号才被看作低电平,信号设置界面如图 4 - 70 所示。

Maximum (Volts) 0.000

Minimum (Volts) 5.000

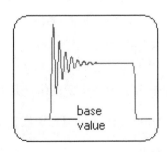

图 4 - 69 **Signal Top Value** 规则设置   图 4 - 70 **Signal Base Value** 规则设置

9) Flight Time-Rising Edge(上升沿延迟时间)

此规则设置信号分析时上升沿驱动实际输入到阈值电压的时间与驱动一个参考负荷到阈值电压的时间的差值。这个差值和信号传输的延迟有关,因此会受到传输线负载大小的影响。设置界面如图 4 - 71 所示。

10) Flight Time-Falling Edge(下降沿延迟时间)

此规则设置信号分析时下降沿驱动实际输入到阈值电压的时间与驱动一个参考负荷到阈值电压的时间的差值。这个差值和信号传输的延迟有关,因此会受到传输线负载大小的影响。设置界面如图 4 - 72 所示。

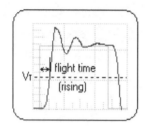

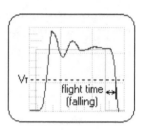

图 4 - 71　Flight Time-Rising Edge 规则设置　　　图 4 - 72　Flight Time-Falling Edge 规则设置

11) Slope-Rising Edge(上升沿的斜率)

此规则设置信号分析时上升沿的斜率,即信号从阈值电压 V_T 上升到一个有效的高电平 V_{IH} 的时间。这条规则规定了允许范围内的最大斜率值,设置界面如图 4 - 73 所示。

12) Slope-Falling Edge(下降沿的斜率)

此规则设置信号分析时下降沿的斜率,即信号从阈值电压 V_T 下降到一个有效的低电平 V_{IL} 的时间。这条规则规定了允许范围内的最大斜率值,设置界面如图 4 - 74 所示。

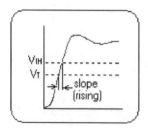

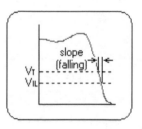

图 4 - 73　Slope-Rising Edge 规则设置　　　　图 4 - 74　Slope-Falling Edge 规则设置

13) Supply Nets(电源网络)

进行信号分析需要指定 PCB 文件中的电源网络,并且设置各个网络的电压。此规则为信号分析规定具体的电源网络及其电压值。

二、Altium Designer PCB 设计规则向导

Altium Designer 提供了设计规则向导,帮助用户建立新的设计规则。一个新的设计规

则向导总是针对某一个特定的网络或者对象而设置的,本节以建立一个电源线宽度规则为例,介绍设计规则向导的使用方法。

执行菜单命令 Design|Rule Wizard… 或在 PCB 设计规则与约束编辑器中单击 Rule Wizard… 按钮,启动设计规则向导,如图 4 - 75 所示。

图 4 - 75　设计规则向导启动界面

单击 Next 按钮,进入选择规则类型对话框,填写规则名称和注释内容,在规则列表框中的 Routing 目录下选择 Width Constraint 规则,如图 4 - 76 所示。

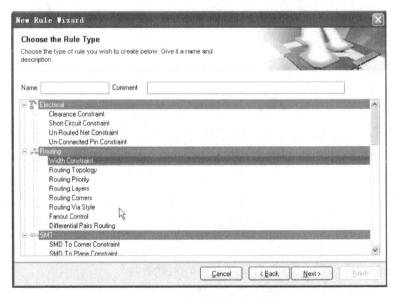

图 4 - 76　选择规则类型对话框

单击 Next 按钮,进入选择规则适用范围范围对话框,选中 A Few Nets 单选项,如图 4-77 所示。

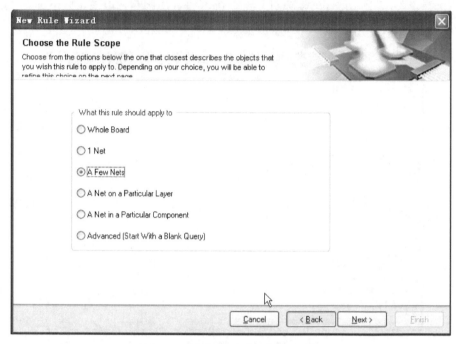

图 4-77　选择规则适用范围对话框

各选项含义如下所述。

(1) Whole Board:整个电路板。

(2) 1 Net:一个网络。

(3) A Few Nets:几个网络。

(4) A Net on a Particular Layer:特定层的一个网络。

(5) A Net in a Particular Component:特定元件的一个网络。

(6) Advanced(Start With a Blank Query):高级(启动空查询)。

单击 Next 按钮,进入高级规则适用范围设置对话框,如图 4-78 所示。在 Constraints Value 栏单击,激活下拉按钮,单击下拉按钮,从下拉列表框中选择当前 PCB 文件的网络 VCC,再选择一个"或"关系的网络 GND。

在多余的网络类型上单击鼠标右键,弹出右键菜单,执行 Delete 命令,删除多余的网络。

单击 Next 按钮,进入选择规则优先级别对话框,如图 4-79 所示。用户可以选中 Name 栏的规则名称,然后单击 Increase Priority 按钮可提高规则优先级别。Priority 栏的数字越小,级别越高。这里使用默认级别,电源具有最高优先级别。

单击 Next 按钮,进入新规则创建完成对话框,如图 4-80 所示。在该对话框直接修改布线宽度为:Pref Width=20 mil,Min Width=10 mil, Max Width=30 mil。选中 Launch main design rules dialog(启动主设计规则对话框)复选框。

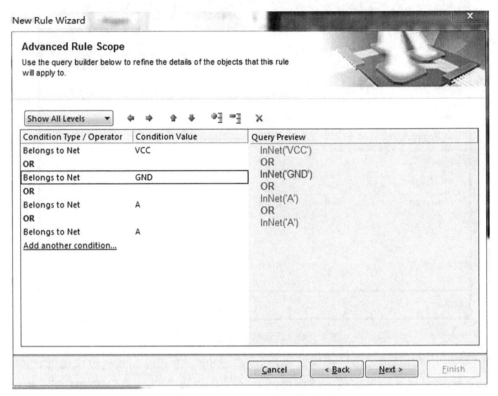

图 4-78　高级规则适用范围设置对话框

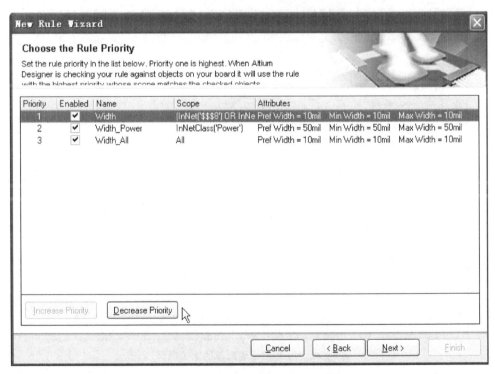

图 4-79　选择规则优先级别对话框

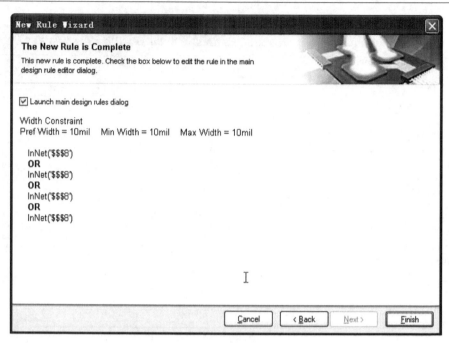

图 4-80 新规则创建完成对话框

单击 Finish 按钮,退出设计规则向导,系统启动 PCB 设计规则与约束编辑器,如图 4-81 所示。在 PCB 设计规则与约束编辑器的 Constraints 选项区域设置宽度参数,单击 OK 按钮,新规则设置结束。

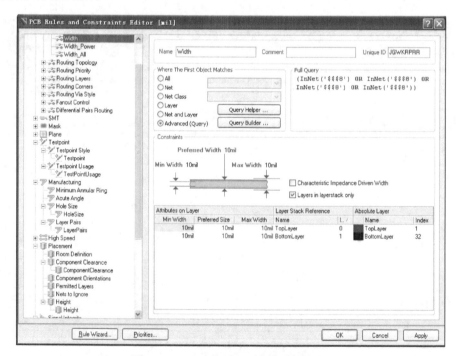

图 4-81 PCB 设计规则与约束编辑器

任务 4.3　单片机实验板工程的 PCB 设计

任务目标

> ➤ 进一步熟悉集成库的创建过程
> ➤ 掌握双层 PCB 的设计方法

任务内容

> ➤ 绘制单片机实验板工程的双层 PCB

任务相关知识

单片机实验板工程的技术要求如下：

(1) PCB 为双层板，电路板尺寸为 140 mm×100 mm，禁止布线区与板子边沿的距离为 5 mm，板层其他参数使用默认值。

(2) PCB 左下角设为原点，在板子的 4 个角放置 4 个安装孔，孔径为 3.5 mm，距离板边 10 mm。

(3) 标注板子长宽、4 个固定孔的位置。

(4) 新建一个直角栅格系统。要求栅格系统覆盖整个板子，但不超出板框范围，间距为 0.25 mm，精细(Fine)显示为红色，粗糙(Coarse)显示为蓝色；元件放置时自动被这个栅格系统捕捉。

任务实施

一、 创建集成库

打开项目 1 中创建的库文件包 MCU. LibPkg，在该库文件包中添加单片机实验板工程电路需要的元件原理图符号和对应封装。

1　创建 4 脚轻触开关原理图符号及封装

(1) 在 MCU. SchLib 中新建名为 BUTTON 的元件，如图 4-82 所示。

(2) 执行菜单命令 Files | Open，打开 Miscellaneous Devices. IntLib，弹出 Extract Sources of Install(提取安装源)对话框，如图 4-83 所示。单击 Extract Sources(提取源)按钮，打开 Miscellaneous Devices. LibPkg 库文件包，如图 4-84 所示。

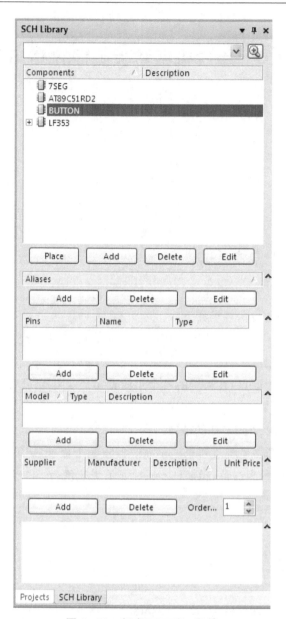

图 4-82　新建 BUTTON 元件

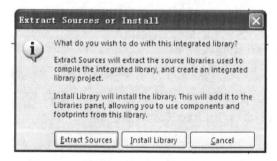

图 4-83　Extract Sources of Install 对话框

图 4 - 84　打开的集成库文件

（3）双击 Miscellaneous Devices. SchLib 打开原理图库文件，单击 SCH Library 面板进入原理图库文件编辑器，如图 4 - 85 所示，在原理图库中找到 SW-PB 元件，如图 4 - 86 所示，复制 SW-PB 元件。单击 Projects 面板，打开 MCU. SchLib 中的 BUTTON 元件，将复制的 SW-PB 元件粘贴到 BUTTON 的编辑区，如图 4 - 87 所示。保存新建的 SW-PB 元件。

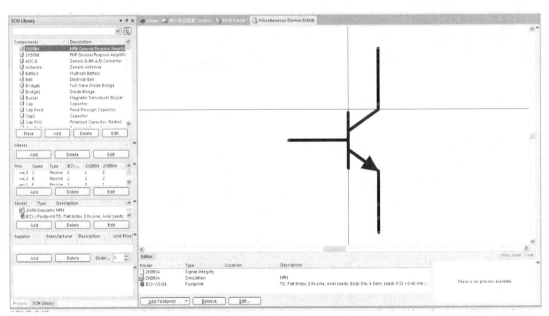

图 4 - 85　Miscellaneous Devices. SchLib 原理图库文件编辑器

（4）在 MCU. PcbLib 封装库文件中新建名为 BUTTON 的封装，如图 4 - 88 所示，双击 Miscellaneous Devices. PcbLib，打开封装库文件，单击 PCB Library 面板进入封装库文件编辑器，在封装库中找到 CC1005-0402 封装，复制该封装。单击 Projects 面板，打开 MCU.

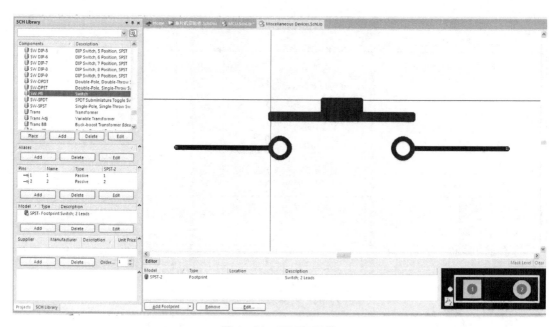

图 4‑86　SW-PB 元件

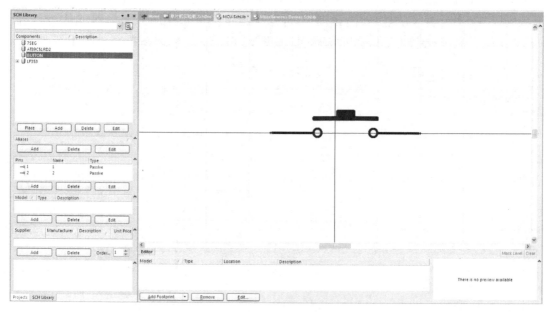

图 4‑87　粘贴复制的 SW-PB 元件

PcbLib 中的 BUTTON 元件,将复制的 CC1005-0402 封装粘贴到 BUTTON 的编辑区,如图 4‑89 所示。按照图 4‑90 所示的轻触开关的封装尺寸,修改图 4‑89 中焊盘的排列顺序。修改完成的封装如图 4‑91 所示。

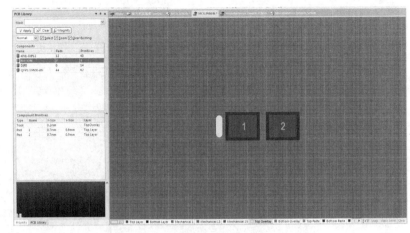

图 4‑88　新建 BUTTON 封装　　　　　　图 4‑89　粘贴复制的 CC1005‑0402 封装

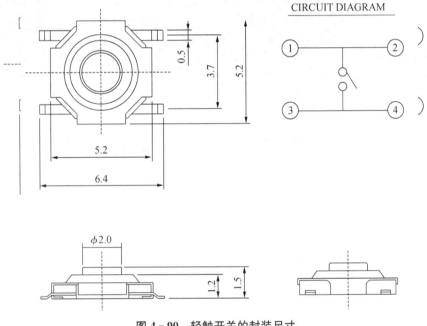

图 4‑90　轻触开关的封装尺寸

（5）执行菜单命令 File|Save，保存 BUTTON 封装。

（6）回到图 4‑87 所示界面，双击 SCH library 面板中的 BUTTON 元件，弹出如图 4‑92 所示的库元件属性设置对话框，修改 BUTTON 元件的相关参数，并将封装与原理图符号进行连接。

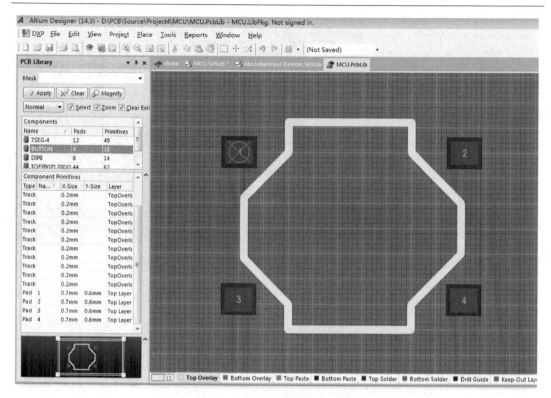

图 4-91　4 脚轻触开关的封装

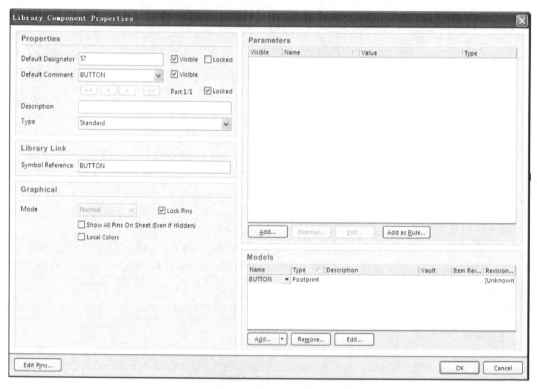

图 4-92　BUTTON 元件的参数设置

2   创建 6 脚电源开关原理图符号及封装

（1）在 MCU. SchLib 中新建名为 SWITCH 的元件，双击 Miscellaneous Devices. SchLib 打开原理图库文件，单击 SCH Library 面板进入原理图库文件编辑器，在原理图库中找到 SW-DPDT 元件，复制该元件。单击 Projects 面板，打开 MCU. SchLib 中的 SWITCH 元件，将复制的 SW-DPDT 元件粘贴到 SWITCH 的编辑区，如图 4 - 93 所示。

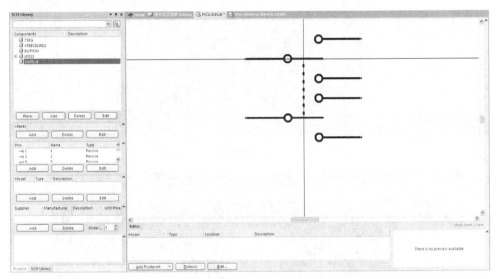

图 4 - 93   粘贴复制的 SW-DPDT 元件

（2）在 MCU. PcbLib 封装库文件中新建名为 SWITCH 的封装，如图 4 - 94 所示，双击 Miscellaneous Devices. PcbLib，打开封装库文件，单击 PCB Library 面板进入封装库文件编辑器，在封装库中找到 DPDT-6 封装，复制该封装。单击 Projects 面板，打开 MCU. PcbLib 中的 SWITCH 元件，将复制的 DPDT-6 封装粘贴到 SWITCH 的编辑区，如图 4 - 95 所示。按照图 4 - 96 所示的电源开关的焊盘尺寸修改封装。修改完成的封装如图 4 - 97 所示。

（3）执行菜单命令 File|Save，保存 SWITCH 封装。

（4）参照图 4 - 98，修改 SWITCH 元件的相关参数，并将封装与原理图符号进行连接。

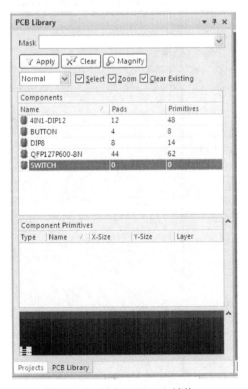

图 4 - 94   新建 SWITCH 封装

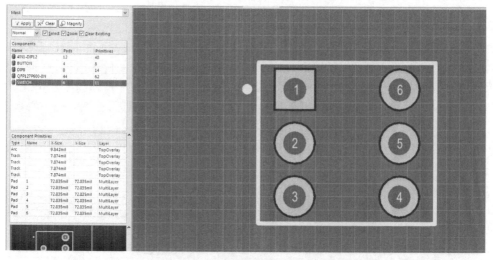

图 4-95　粘贴复制的 DPDT-6 封装

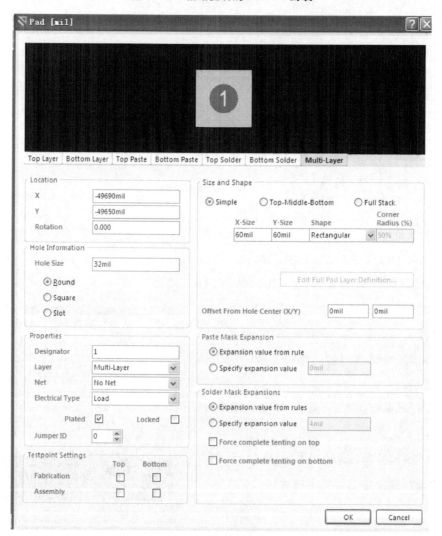

图 4-96　焊盘属性设置

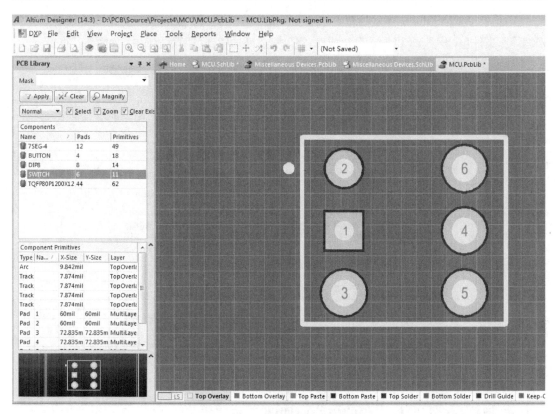

图 4 - 97　6 脚电源开关的封装

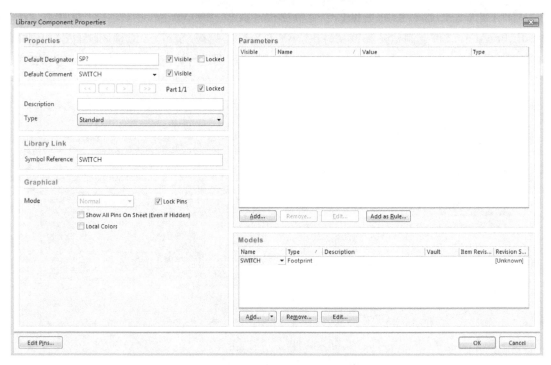

图 4 - 98　SWITCH 无件的参数设置

至此,在 MCU. LibPkg 库文件包中完成了 4 脚轻触开关与 6 脚电源开关元件的添加。接下来编译库文件包,生成 MCU. IntLib 集成库,将该集成库加载到可用集成库中,如图 4-99 所示。

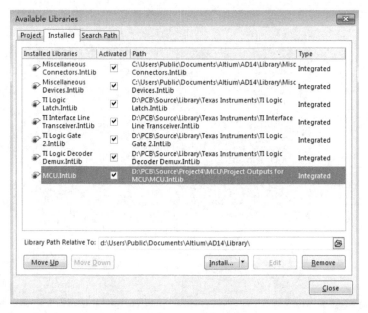

图 4-99　加载自制的集成库

二、 绘制单片机实验板工程的电路原理图

新建文件夹 Project 4,将项目 2 中的单片机实验板. SchDoc 原理图文件和单片机实验板. PrjPcb 工程文件复制粘贴到该文件夹。将单片机实验板. SchDoc 原理图文件追加到单片机实验板. PrjPcb 工程中,如图 4-100 所示。对原理图进行电气规则检查,必须确保在编译之后没有错误信息。

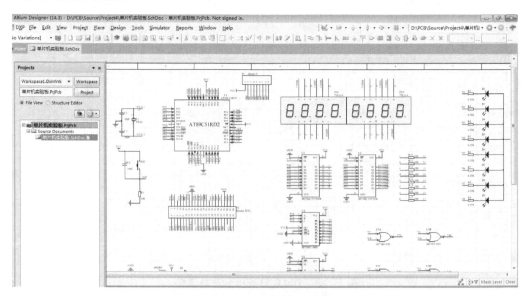

图 4-100　追加原理图文件到工程

三、 绘制单片机实验板工程的 PCB 图

1   创建新的 PCB 文件

创建单片机实验板. PrjPcb 工程,保存到 Project4 文件夹中。打开 Files 面板,单击 New from template|PCB Board Wizard,启动 PCB 设计向导,如图 4 - 101 所示。

图 4 - 101   PCB 设计向导启动界面

单击 Next 按钮,进入电路板单位选择对话框,如图 4 - 102 所示。系统提供了两种单位:一种是 mil,即英制;另一种是 mm,即公制。两种单位的转换关系为 1 mil=0.0 245 mm。这里选择 mm 为单位。

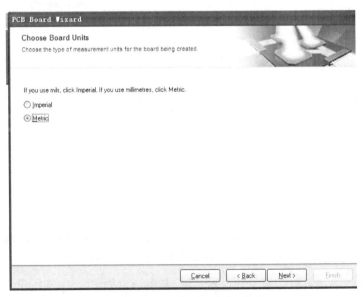

图 4 - 102   电路板单位选择对话框

单击 Next 按钮,进入电路板配置文件选择对话框,如图 4 - 103 所示,在列表框中选择 Custom 选项,自定义电路板的配置文件。

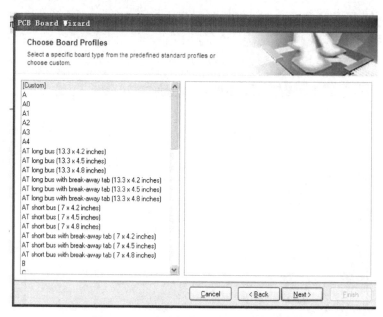

图 4 - 103　电路板配置文件选择对话框

单击 Next 按钮,进入电路板详细信息选择对话框,如图 4 - 104 所示,按要求进行参数设置。

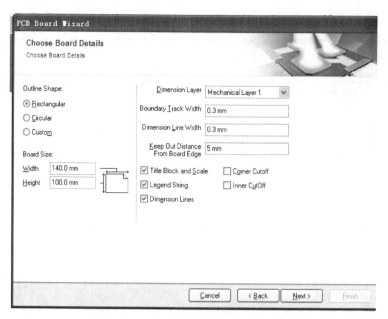

图 4 - 104　电路板详细信息选择对话框

单击 Next 按钮,进入电路板层选择对话框,参数设置如图 4 - 105 所示。

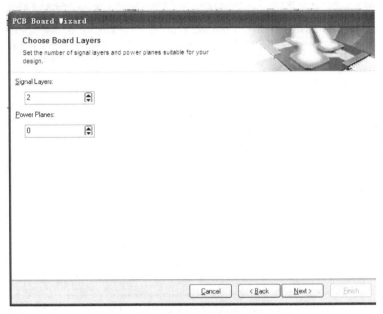

图 4－105　电路板层选择对话框

单击 Next 按钮，进入过孔样式选择对话框，参数设置如图 4－106 所示。

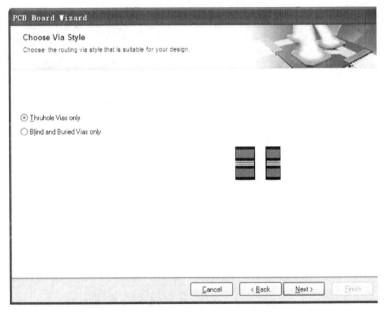

图 4－106　过孔样式选择对话框

单击 Next 按钮，进入元件及布线技术选择对话框，参数设置如图 4－107 所示。

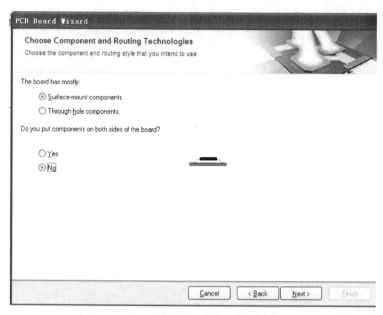

图 4 - 107　元件及布线技术选择对话框

　　单击 Next 按钮,进入默认走线宽度和过孔尺寸选择对话框,参数设置如图 4 - 108 所示,采用默认值。

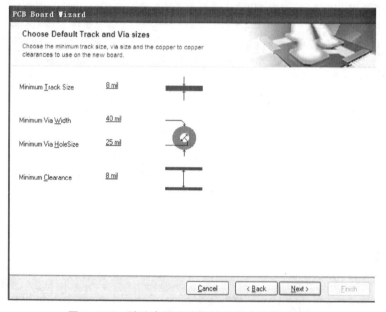

图 4 - 108　默认走线宽度和过孔尺寸选择对话框

　　单击 Next 按钮,进入如图 4 - 109 所示的 PCB 设计向导完成对话框。单击 Finish 按钮,新建的 PCB 文件如图 4 - 110 所示。

图 4 - 109　PCB 设计向导完成对话框

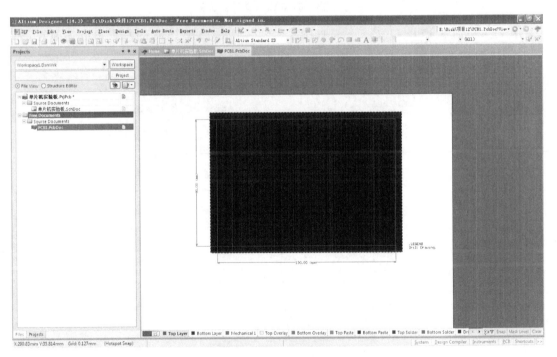

图 4 - 110　新建的 PCB 文件

单击工具栏中的 Save 按钮，保存 PCB 文件。

将新建的 PCB 文件追加到单片机实验板.PrjPcb 工程中，并重命名为单片机实验板.
PcbDoc，如图 4 - 111 所示。

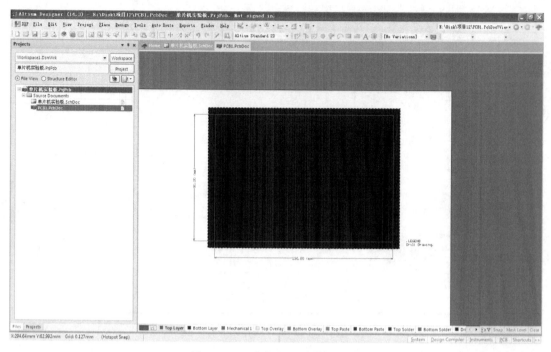

图 4 - 111　追加 PCB 文件到工程

执行菜单命令 Edit | Origin | Set，如图 4 - 112 所示，选择 PCB 的左下角设为原点，如图 4 - 113 所示。

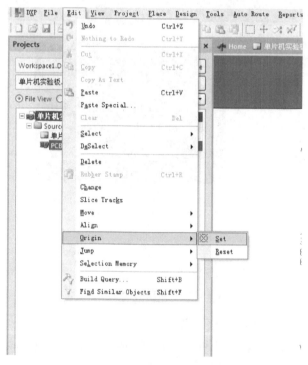

图 4 - 112　原点设置菜单

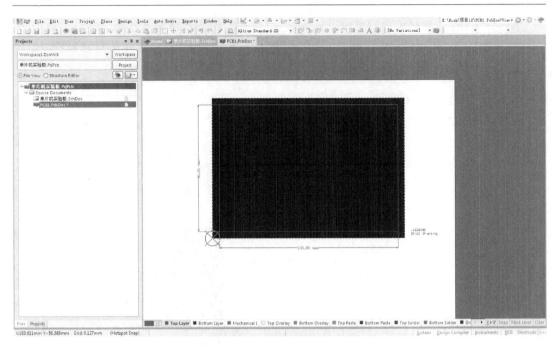

图 4 - 113　设置 PCB 的原点

在图 4 - 113 中,单击工具栏中的焊盘按钮 ⊙,在 PCB 的 4 个角放置 4 个固定孔,孔径为 3.5 mm,距离板框 10 mm。4 个固定孔的坐标为(10 mm,10 mm),(10 mm,90 mm),(130 mm,10 mm),(130 mm,90 mm)。放置好固定孔后的 PCB 如图 4 - 114 所示。

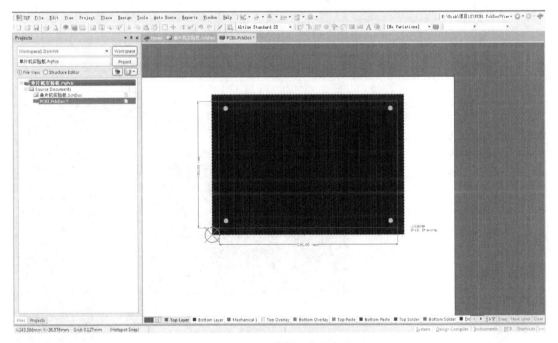

图 4 - 114　放置 4 个固定孔

在图 4-113 底部的板层标签栏中选择 Mechanical 1,执行菜单命令 Place｜Dimension｜Linear,如图 4-115 所示,为 PCB 标注尺寸,然后将 PCB1. PcbDoc 另存为单片机实验板. PcbDoc,尺寸标注完成后的 PCB 如图 4-116 所示。

图 4-115 尺寸标注菜单

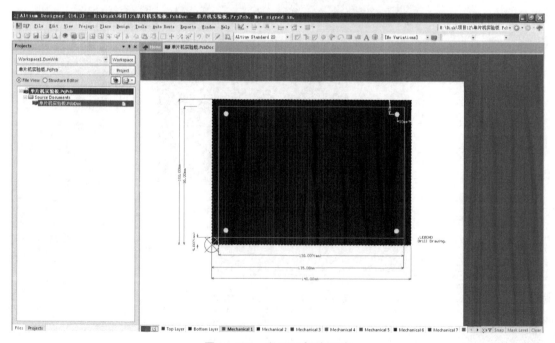

图 4-116 为 PCB 标注尺寸

2　导入网络表

打开单片机实验板. SchDoc 原理图文件,执行菜单命令 Design|Update PCB Document 单片机实验板. PcbDoc,弹出 Engineering Change Order(工程变更指令)对话框,如图 4 - 117 所示。

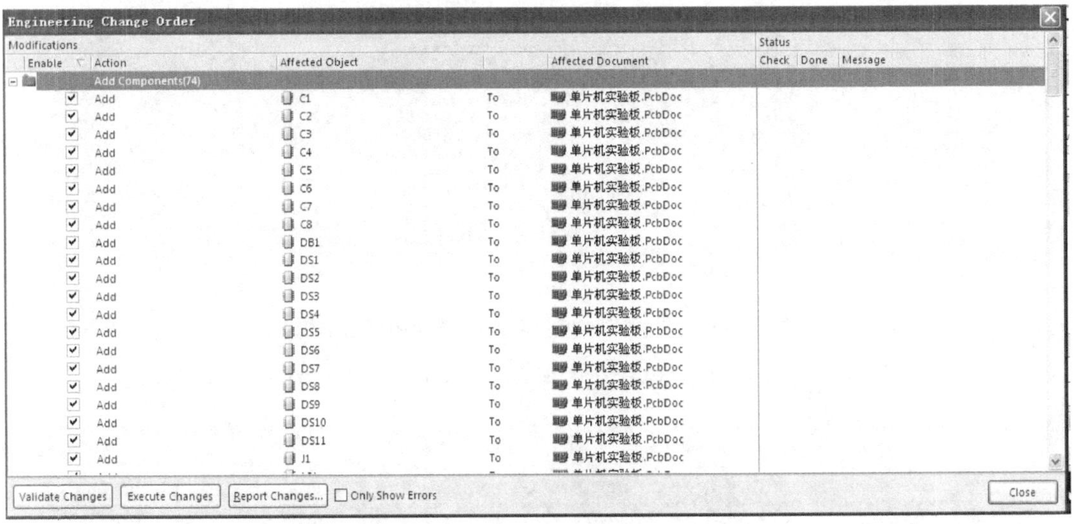

图 4 - 117　**Engineering Change Order 对话框**

单击 Validate Changes 按钮,在 Check 栏中就会出现一列 ✅,如图 4 - 118 所示,表示元件封装类型全部正确。单击 Execute Changes 按钮,系统将单片机实验板. SchDoc 中的元件、网络全部载入 PCB 文件中,此时图 4 - 118 中的 Done 栏也出现一列 ✅,如图 4 - 119 所示。

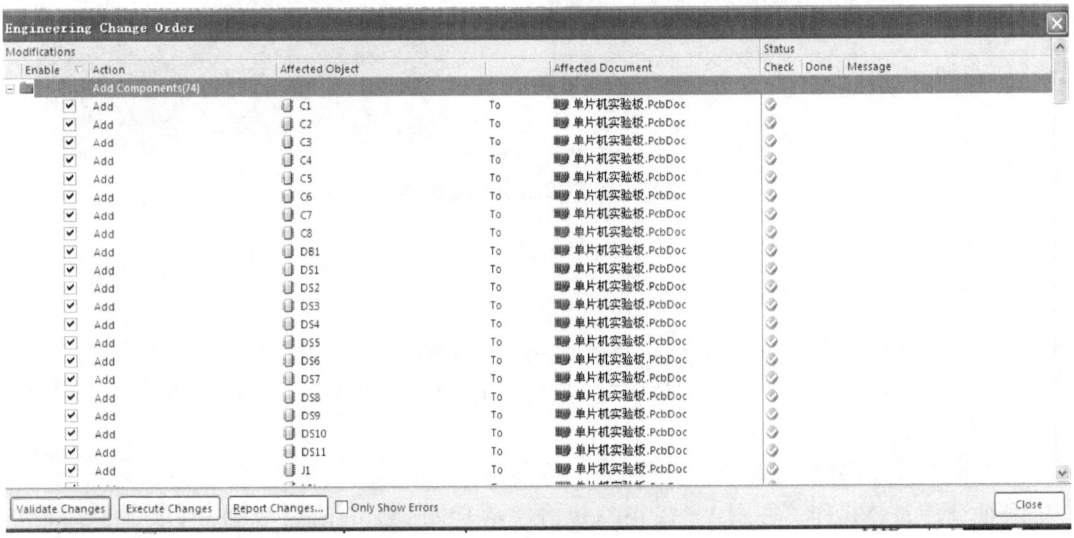

图 4 - 118　**单击 Validate Changes 按钮后的对话框**

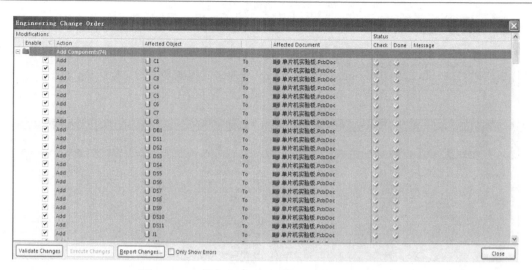

图 4-119 单击 Execute Changes 按钮后的对话框

单击 Close 按钮，关闭对话框，单片机实验板.PcbDoc 文件如图 4-120 所示。

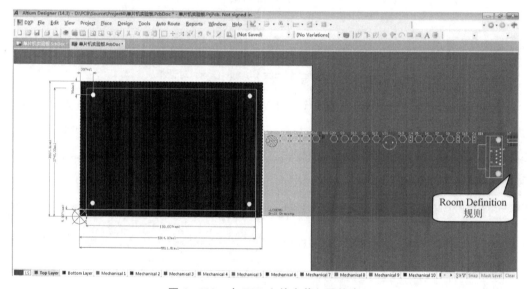

图 4-120 在 PCB 文件中载入网络表

3 布局

布局时有以下注意事项：

（1）所有元件摆放在顶层，可以在顶层与底板层布线。

（2）所有的连接插头（J1，J2，J3……）必须沿着 PCB 板框摆放；布线不可超出 PCB 板框；不得有锐角走线。

（3）在 PCB 顶层和底层对 GND 网络进行覆铜。

下面介绍具体操作。在图 4-120 中，单击红色 Room Definition 规则，按 Delete 键将其删除，删除后如图 4-121 所示。

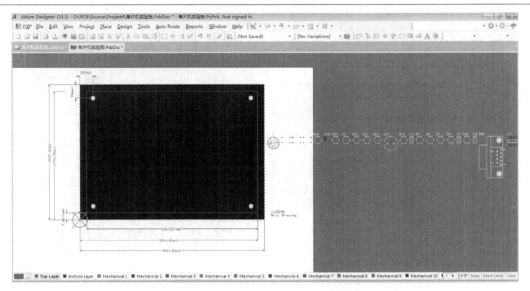

图 4 - 121   删除 Room Definition 规则

单击 Projects 面板,双击打开单片机实验板.SchDoc 文件,选择单片机元件,如图 4 - 122 所示。按下快捷键 S+T,光标变为十字状,在图 4 - 122 中选中的单片机元件上单击鼠标左键,然后单击鼠标右键。单击单片机实验板.PcbDoc 文件,执行菜单命令 Tools | Component Placement | Arrange Within Rectangle,此时光标变为十字状,在 PCB 的适当位置拖动鼠标画出一个矩形框,如图 4 - 123 所示。单击鼠标左键,单片机的封装自动加载到 PCB 上,如图 4 - 124 所示。用该方法可以将所有元件封装分模块地移动到 PCB 中。适当调整元件封装位置,完成元件布局,如图 4 - 125 所示。

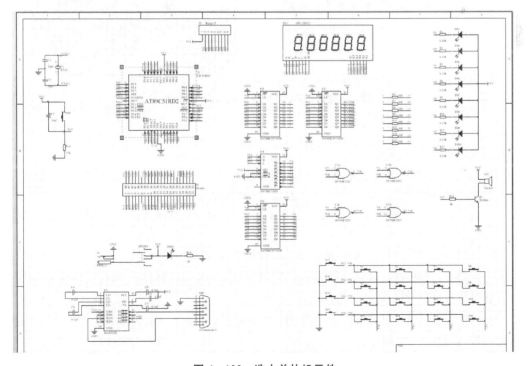

图 4 - 122   选中单片机元件

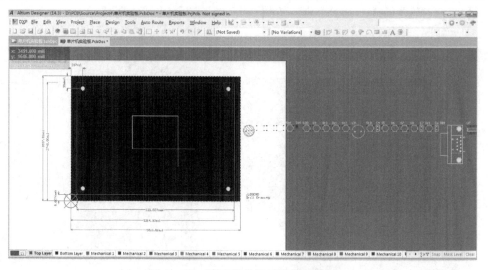

图 4 - 123　确定单片机元件放置区域

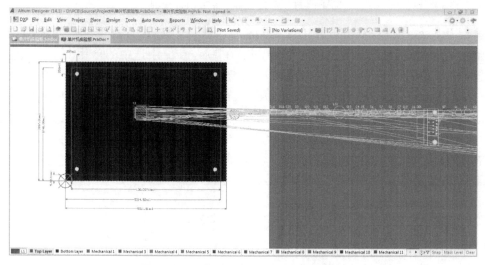

图 4 - 124　放置好的单片机 AT89C51RD

4　布线

布线时有以下注意事项:

(1) 电源与接地网络走线宽度最小 25 mil,最大 50 mil,优选 30 mil。

(2) 其他网络走线宽度最小 10 mil,最大 15 mil,优选 12 mil。

(3) 过孔尺寸内径最小 20 mil,最大 28 mil,优选 24 mil;外径最小 40 mil,最大 50 mil,优选 44 mil。

(4) 放置一个钻孔表,要求全板只选择一种过孔尺寸。

(5) 电源、接地网络与其他走线之间的安全间距是 10 mil,其他走线之间的安全间距是 5 mil,电源与接地网络之间的安全间距是 10 mil。

下面介绍具体操作。在图 4 - 125 所示界面中,执行菜单命令 Design|Rules,弹出 PCB 规则与约束编辑器,如图 4 - 126 所示。

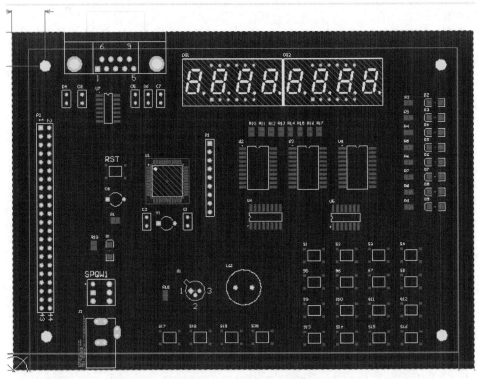

图 4 - 125　PCB 元件布局

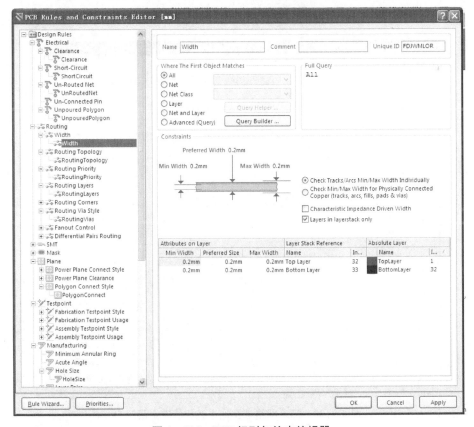

图 4 - 126　PCB 规则与约束编辑器

按照图 4 - 127～图 4 - 130 设置安全间距规则。

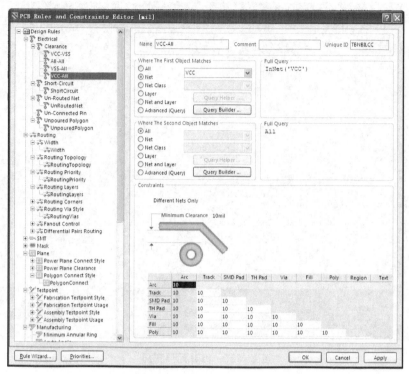

图 4 - 127　电源与其他走线间的安全间距

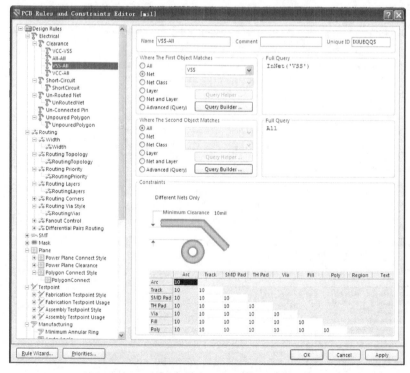

图 4 - 128　接地网络与其他走线间的安全间距

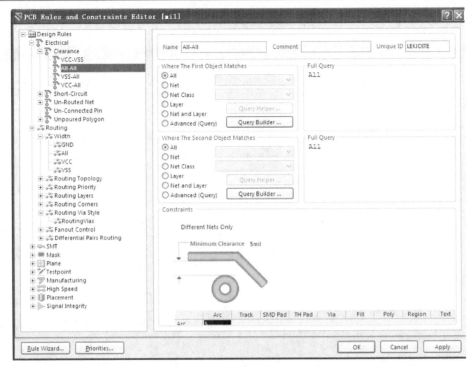

图 4 - 129　其他走线间的安全间距

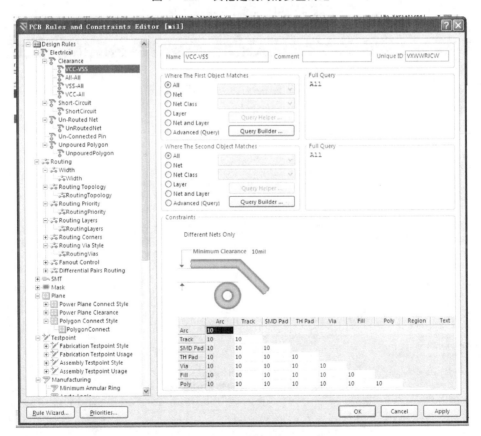

图 4 - 130　电源与接地网络间的安全间距

按照图 4 - 131~图 4 - 133 设置布线宽度规则。

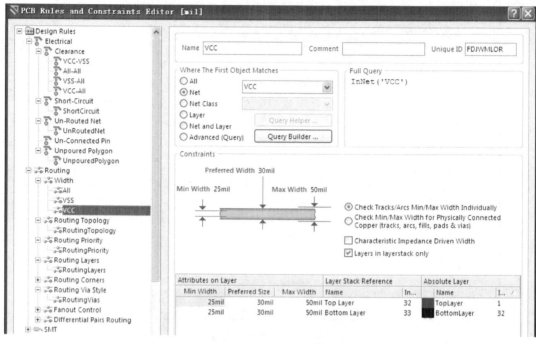

图 4 - 131　电源网络走线宽度

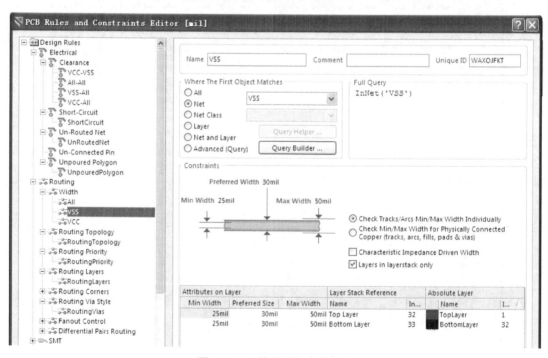

图 4 - 132　接地网络走线宽度

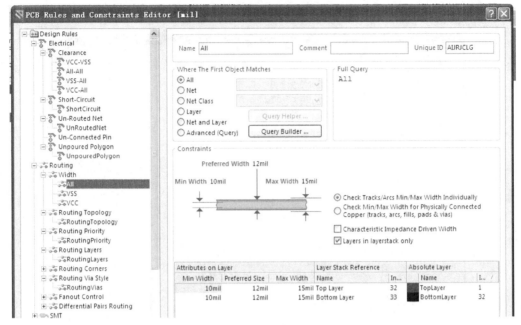

图 4 - 133　其他网络走线宽度

按照图 4 - 134 设置布线为过孔规则。

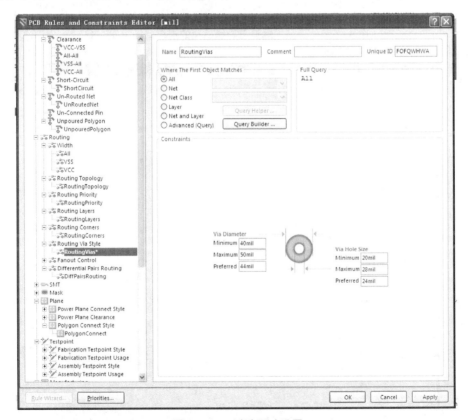

图 4 - 134　过孔尺寸设置

按照图 4 – 135 和图 4 – 136 设置 SMT 规则。

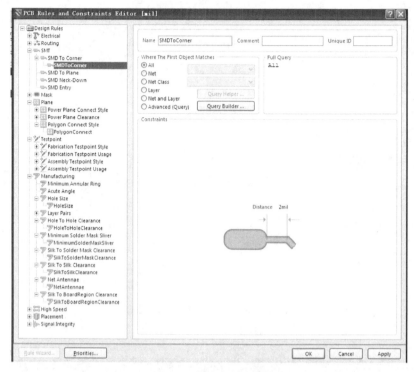

图 4 – 135   表贴式焊盘与导线拐角的连接间距设置

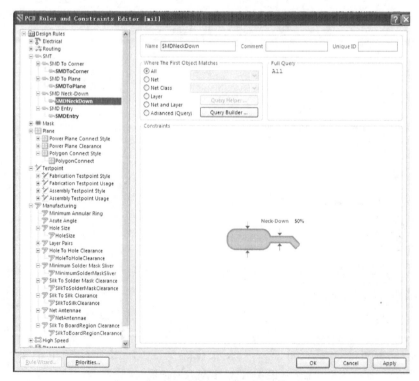

图 4 – 136   表贴式焊盘引线收缩比设置

规则设置完成后,执行菜单命令 Auto Route|All,弹出 Situs Routing Strategies 对话框,如图 4 - 137 所示。

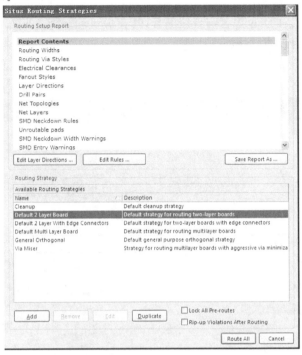

图 4 - 137　Situs Routing Strategies 对话框

单击 Route All 按钮,开始自动布线。布线结果如图 4 - 138 所示。

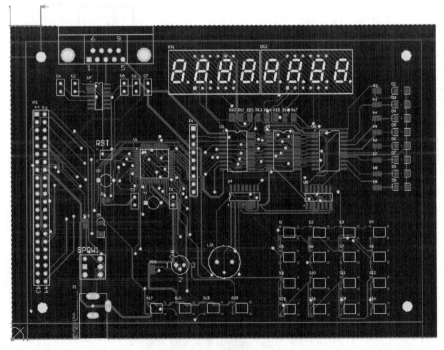

图 4 - 138　完成自动布线

5 补泪滴和覆铜

1) 补泪滴

在 PCB 设计中,为了防止焊盘与导线断开,常在焊盘和导线之间布置一个过渡区,称为泪滴(teardrop)。补泪滴的方法如下所述。

执行菜单命令 Tools|Teardrops…,弹出 Teardrops 对话框,如图 4－139 所示,采用默认设置。

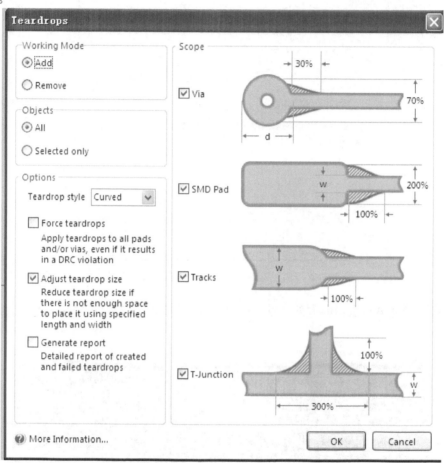

图 4－139 Teardrops 对话框

单击 OK 按钮,执行补泪滴操作,完成后的效果如图 4－140 所示。

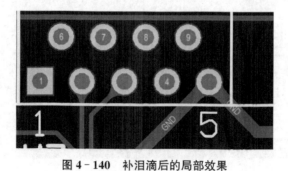

图 4－140 补泪滴后的局部效果

2）覆铜

执行菜单命令 Place|Polygon Pour，弹出 Polygon Pour 对话框，如图 4-141 所示。

选中 Hatched(Tracks/Arcs)单选按钮，填充网格模式设置为 45 Degree(45°)，连接到 GND 网络，板层设置为 Top Layer(顶层)，勾选 Remove Dead Copper(移除死铜)复选框。

单击 OK 按钮，关闭该对话框。此时光标变成十字状，准备开始覆铜操作。

用光标沿着 PCB 的 Keep-Out(禁止布线层) 边界线画一个闭合的矩形框。单击鼠标左键确定起点，移动至拐点处再单击，直至确定了矩形框的 4 个顶点，单击右键退出。用户不必手动将矩形框线闭合，系统会自动将起点和终点连接起来构成闭合框线并在框线内部自动完成 Top Layer 的覆铜。采用同样的方法可以在 Bottom Layer(底层)完成覆铜，覆铜后效果如图 4-142 所示。

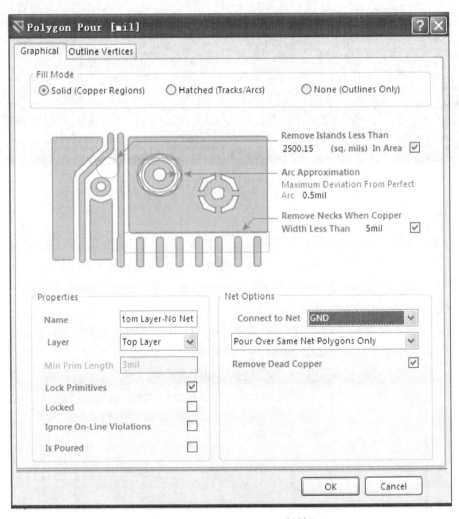

图 4-141 Polygon Pour 对话框

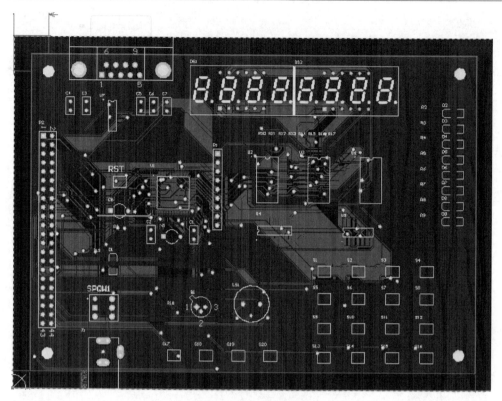

图 4 - 142　完成覆铜

6　DRC

1）常规 DRC

执行菜单命令 Tools|Design Rule Check，打开 Design Rule Checker 对话框，进行 DRC
设置。其中，Report Options 选项卡中的各选项大部分采用系统默认设置，只有违规次数的
上限值取 100，以便加速 DRC 进程。

单击对话框左侧窗格中的 Electrical 选项卡，进行电气规则校验设置，选中 Clearance、
Short-Circuit、Un-Route Net 3 项，如图 4 - 143 所示。

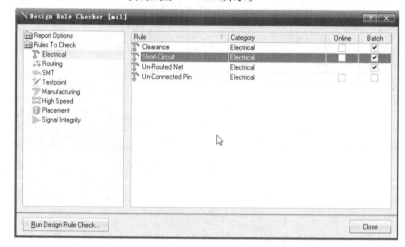

图 4 - 143　电气规则校验设置

单击对话框左侧窗格中的 Routing 选项卡,进行布线规则校验设置,选中 Width 选项,如图 4 - 144 所示。

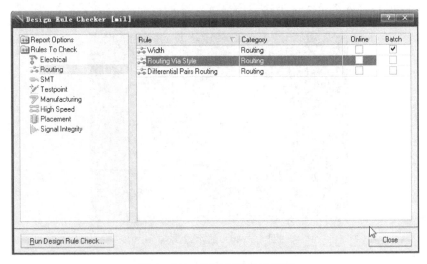

图 4 - 144 布线规则校验设置

设置完毕,单击 Run Design Rule Check 按钮,开始运行批处理 DRC。

运行结束后,系统在当前项目的 Documents 文件夹下,自动生成网页形式的设计规则校验报告 Design Rule Check-MCU. html,并显示在工作窗口中,如图 4 - 145 所示;同时打开 Messages 面板,详细列出了各项违规的具体内容。

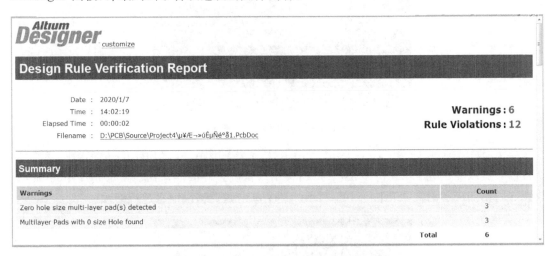

图 4 - 145 网页形式的设计规则校验报告

单击设计文件原理图,打开 PCB 编辑窗口,可以看到系统以绿色高亮标注了该 PCB 上的相关违规设计。

双击 Messages 面板中的某项违规信息,则工作窗口会自动跳转到与该项违规对应的设计处,完成违规的快速定位。

执行菜单命令 Tools|Reset Error Markers,清除绿色错误标记。

　　单击 Hole To Hole Clearance Constraint 错误信息,该类错误为过孔与焊盘距离太近,如图 4 - 146 所示,可以适当移动过孔,调整它与焊盘的距离,直至错误提示消失,修改完成后如图 4 - 147 所示。逐个单击该类错误信息进行修改。

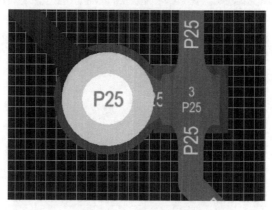

图 4 - 146　显示错误点

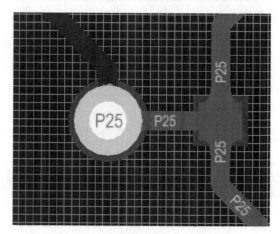

图 4 - 147　错误点修改完成

　　单击 SMD Neck-Down Constraint 错误信息,显示如图 4 - 148 所示的错误提示,该类错误可以通过改变线宽来解决。双击该导线,弹出线宽设置对话框,将线宽改为 12 mil。修改线宽之后错误提示消失,如图 4 - 149 所示。逐个单击该类错误信息进行修改。

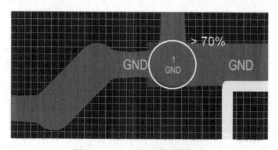

图 4 - 148　显示线宽错误

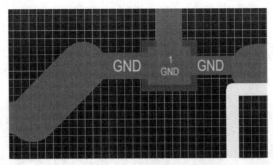

图 4 - 149 线宽错误修改完成

单击 Clearance Constraint 错误信息,显示如图 4 - 150 所示的错误提示,该类错误是导线与焊盘距离太近。可以通过移动导线位置来修改。如图 4 - 151 所示,将焊盘两侧导线移动后,错误提示消失。逐个单击该类错误信息进行修改。

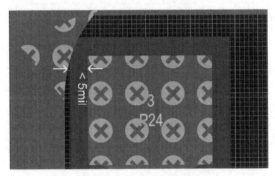

图 4 - 150 显示间距错误

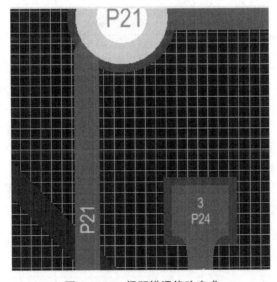

图 4 - 151 间距错误修改完成

全部修改后,执行菜单命令 Tools|Design Rule Check,打开 Design Rule Checker 对话

框,保持前面的设置不变,单击 Run Design Rule Check 按钮,再次运行批处理 DRC。再次
生成网页形式的设计规则校验报告 Design Rule Check-MCU. html,如图 4－152 所示。运
行结束后,可以看到这次的 Messages 面板是空白的,表明电路板上已经没有违反设计规则
的地方了。另外还有 6 个警告,是 J1 电源接口的焊盘内径为 0,这里可以忽略该警告。

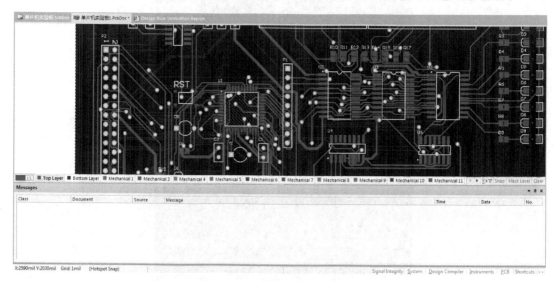

图 4－152　检查后无错误信息

2) 设计规则校验报告

Altium Designer 系统为设计者提供了 3 种格式的设计规则校验报告:浏览器页面格式
(后缀名为. html)、文本格式(后缀名为. drc)和数据表格式(后缀名为. xml),系统默认生成
的为浏览器页面格式的报告。

打开上面生成的浏览器页面格式的设计规则校验报告 Design Rule Check-MCU. html。
可以看到,报告的上半部分显示了设计文件的路径、名称及校验日期等,并详细列出了各项
需要校验的设计规则的具体内容及违反各项设计规则的统计次数,如图 4－153 所示。

在有违规的设计规则中,单击违规的选项,即转到报告的下半部分,可以查看相应违规
的具体信息,如图 4－154 所示,与 Messages 面板中的内容相同。

单击某项违规信息,则系统自动转到 PCB 编辑窗口,借助 Board Insight(板细节)对话
框中的参数显示,同样可以完成违规处的定位和修改。

单击设计规则校验报告左上角的 customize,打开 PCB 编辑器的 Preferences 对话框中
的 Reports 选项卡。在 Design Rule Check 设置区中,选中 TXT 及 XML 格式的 Show、
Generate 选项,如图 4－155 所示。

再次运行 DRC,系统在当前项目下同时生成了 3 种格式的设计规则校验报告,文本格式
和数据表格式的报告如图 4－156 和图 4－157 所示。

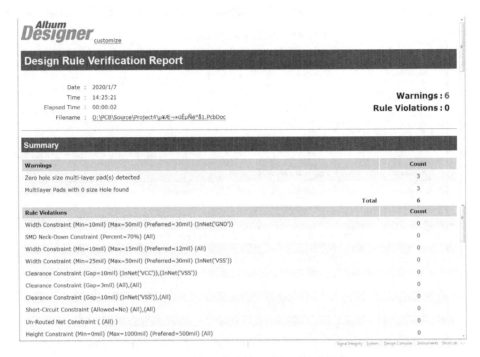

图 4 - 153 浏览器页面格式的设计规则校验报告

Rule Violations	Count
Room FPGA_U1_Manual (Bounding Region = (3550mil, 3625mil, 5000mil, 4325mil) (InComponentClass ('FPGA_U1_Manual'))	0
Room U_FPGA_U1_Auto (Bounding Region = (3680mil, 4160mil, 4960mil, 5540mil) (InComponentClass ('U_FPGA_U1_Auto'))	0
Room U_WC_Boot (Bounding Region = (3550mil, 3025mil, 4950mil, 4025mil) (InComponentClass('U_WC_Boot'))	0
Room U_WC_KB (Bounding Region = (2150mil, 6450mil, 5350mil, 7455mil) (InComponentClass('U_WC_KB'))	0
Room U_WC_LCD (Bounding Region = (2200mil, 6550mil, 6200mil, 9525mil) (InComponentClass('U_WC_LCD'))	0
Room U_WC_PWR (Bounding Region = (5185mil, 2800mil, 6225mil, 6850mil) (InComponentClass('U_WC_PWR'))	0

图 4 - 154 部分违规信息

3）单项 DRC

在批处理 DRC 中也可以设置单项运行，即只对某一项不太有把握的设计规则进行检查。

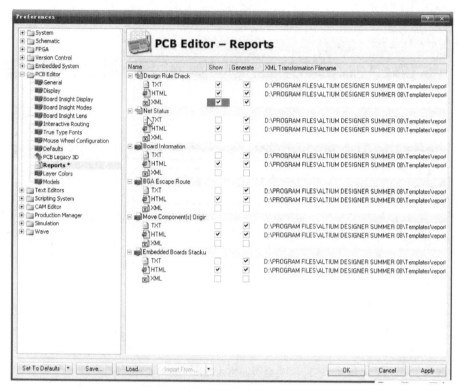

图 4‑155　设置 TXT 和 XML 格式

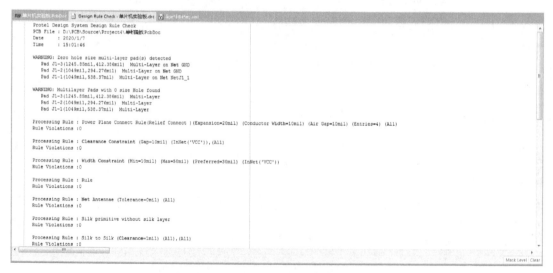

图 4‑156　文本格式的设计规则校验报告

　　本例中，对完成自动布线后又进行了手工调整的 PCB 设计文件进行过孔规则校验，以保证过孔样式的一致性。单项 DRC 操作步骤如下所述。

　　执行菜单命令 Tools|Design Rule Check，打开 Design Rule Checker 对话框，进行 DRC 设置。其中，Report Options 选项卡中的各选项采用系统默认设置。

图 4 - 157　数据表格式的设计规则校验报告

在 Rules To Check 窗口中,屏蔽其他设计规则,只保留 Routing Via Style 规则项,如图 4 - 158 所示。

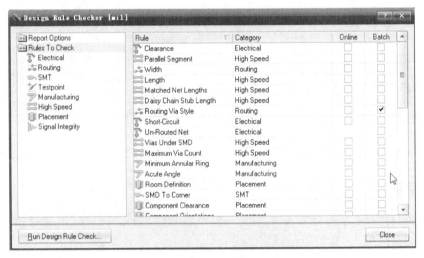

图 4 - 158　校验规则设置

单击 Run Design Rule Check 按钮,开始运行批处理 DRC。

运行结束后,设计规则校验报告与 Messages 面板同时显示在工作窗口中,可以看到报告中的出错信息。

单击某项违规信息,进入 PCB 编辑窗口,打开相应违规处的属性对话框,进行过孔尺寸修改。修改完毕,执行菜单命令 Tools|Reset Error Markers,清除绿色的错误标记。

再次运行 DRC,根据设计规则校验报告和 Messages 面板上的显示内容可以知道,电路板上不再有过孔违规设计,如图 4 - 159 所示。

Summary

Warnings	Count
Zero hole size multi-layer pad(s) detected	3
Multilayer Pads with 0 size Hole found	3
Total	**6**

Rule Violations	Count
Routing Via (MinHoleWidth=20mil) (MaxHoleWidth=28mil) (PreferredHoleWidth=24mil) (MinWidth=40mil) (MaxWidth=50mil) (PreferedWidth=44mil) (All)	0
Power Plane Connect Rule(Relief Connect)(Expansion=20mil) (Conductor Width=10mil) (Air Gap=10mil) (Entries=4) (All)	0
Total	**0**

图 4 - 159　无过孔违规

任务 4.4　相关文件的输出

任务目标

➢ 掌握 PCB 各类报表文件的输出方法
➢ 了解 PCB 各类报表文件描述的内容

任务内容

➢ 输出 PCB 的各类报表文件

任务相关知识

在 PCB 设计完成之后,通常需要生成一些报表文件,如元件清单、电路板信息表、网络状态报表等,用于统计所需的原材料。

任务实施

1　生成电路板信息表

电路板信息报表的作用是给用户提供一个电路板的完整信息,包括电路板尺寸、电路板上的焊点和导孔的数量,以及电路板上的元件标号等。生成电路板信息报表的步骤如下所述。

执行菜单命令 Report|Board Information,弹出如图 4 - 160 所示的电路板信息对话框。该对话框有三个选项卡:

(1) General 选项卡:主要用于显示电路板的一般信息,例如电路板大小和电路板上各

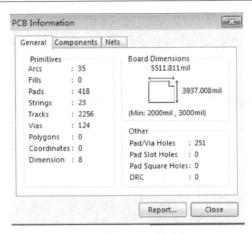

图 4 - 160　电路板信息对话框

个组件的数量(导线数、焊点数、导孔数、覆铜数和违反设计规则数等)。

(2) Components 选项卡:用于显示当前电路板上使用的元件标号以及元件所在的板层等信息,如图 4 - 161 所示。

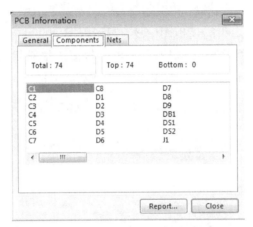

图 4 - 161　元件标号以及元件所在板层信息

(3) Nets 选项卡:用于显示当前电路板上的网络信息,如图 4 - 162 所示。

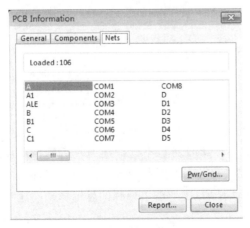

图 4 - 162　电路板网络信息

单击 Nets 选项卡中的 Pwr/Gnd… 按钮,弹出如图 4-163 所示的内部板层信息对话框,列出了各个内部板层所连接的网络、导孔和焊点,以及导孔或焊点和内部板层间的连接方式。

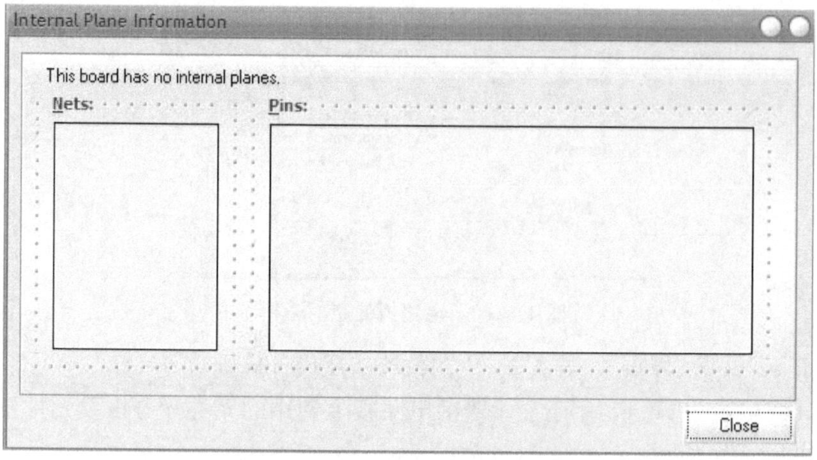

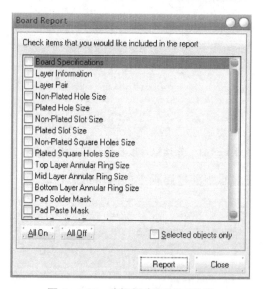

图 4-163　内部板层信息对话框

本任务中没有内部板层网络,所以图中没有显示板层信息。单击 Close 按钮返回。

在任意一个选项卡中单击 Report 按钮,将电路板信息生成相应的报表文件,生成的文件以 .REP 为扩展名,同时系统将弹出如图 4-164 所示的对话框。

图 4-164　选择报表项目对话框

可以选择需要生成的报表项目,勾选对应的复选框即可。也可以单击 All On 按钮,选择所有的复选框;或者单击 All Off 按钮,不选择任何复选框。还可以选中 Selected objects only 复选框,只生成所选对象的电路板信息报表。本任务选择 All On 按钮,产生所有项目的报表。选好后单击 Report 按钮,生成的电路板信息报表如图 4-165 所示。

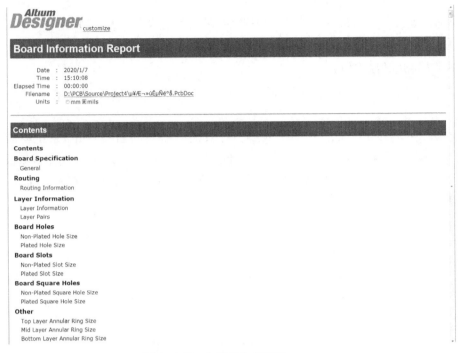

图 4 - 165　电路板信息报表

2　生成网络状态报表

网络状态报表用于列出电路板中每一条网络的长度。执行菜单命令 Reports | Netlist Status，系统将打开文本编辑器产生相应的网络状态报表。如图 4 - 166 所示为生成的网络状态报表，以 . REP 为扩展名。

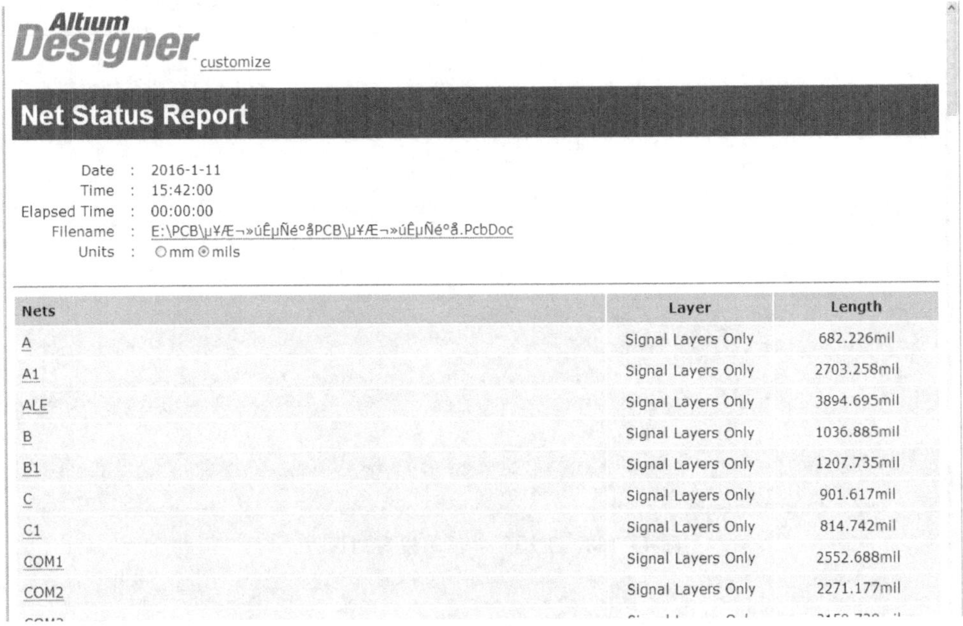

图 4 - 166　网络状态报表

可以通过对比两个网络状态报表之间的异同,检查电路是否有变更。比如设计完 PCB 图,特别是进行了手工布线后,常常需要产生 PCB 网络状态报表,然后与原理图网络状态报表进行比较,以确认在设计的过程中信号的连接是否完全一致、元件是否完全同等。

3　生成设计层次报表

Altium Designer 可以生成 PCB 文件设计层次的报表,这种报表指出了文件系统的构成。

执行菜单命令 Reports|Project Reports|Report Project Hierarchy,系统将切换到文本编辑器,其中将产生与 PCB 文件对应的设计层次报表。图 4-167 是为电路板生成的设计层次报表,文件以 .REP 为扩展名。图中文件名重叠是因为软件不能正常显示汉字,可以将文件名换成英文的。

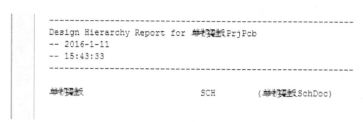

图 4-167　设计层次报表

4　生成元件清单

元件清单可以用来整理电路或一个工程中的元件。执行菜单命令 Reports|Bill of Materials,弹出如图 4-168 所示的工程元件清单设置对话框,其中列出了整个工程所用到的元件的清单。

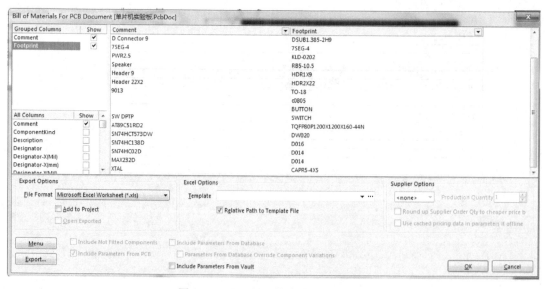

图 4-168　工程元件清单设置对话框

（1）Grouped Columns 列表

图 4－168 中左上角是 Grouped Columns 列表，放大显示如图 4－169 所示。

图 4－169　Grouped Columns 列表

可以将下方 All Columns 列表中的内容拖曳到 Grouped Columns 列表中，比如将 All Columns 中的 LibRef 字段拖放到 Grouped Columns 列表中，再选中，右侧窗格中的元件列表就将按照元件的元件库属性进行分组，如图 4－170 所示。

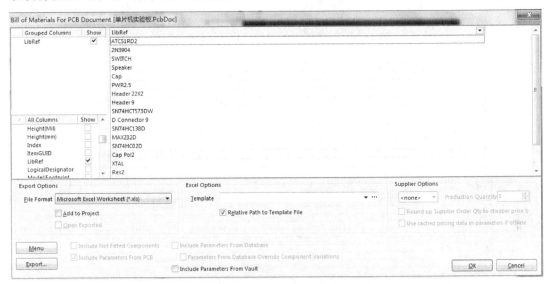

图 4－170　按照元件的元件库属性进行分组

（2）显示和隐藏元件属性列

在 All Columns 列表右侧是设置项目显示与否的 Show 复选框，如图 4－171 所示。勾选某属性字段，则在右侧窗格中显示该属性，否则不显示。如只勾选 Designator 和 Footprint 两个属性字段时，右侧窗格口显示如图 4－172 所示。

（3）Menu 按钮

单击此按钮将弹出一个下拉菜单，可以选择执行各种输出功能。比如执行 Report 命令后，将输出如图 4－173 所示的元件清单。可以用不同的方法显示、导出保存或者打印此输出的元件列表。

图 4－171　显示和隐藏的列

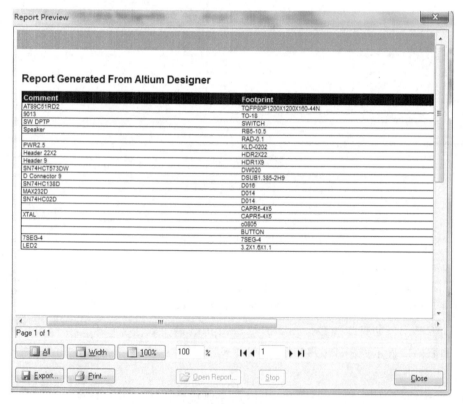

图 4 - 172　显示 Designtor 和 Footprint 属性

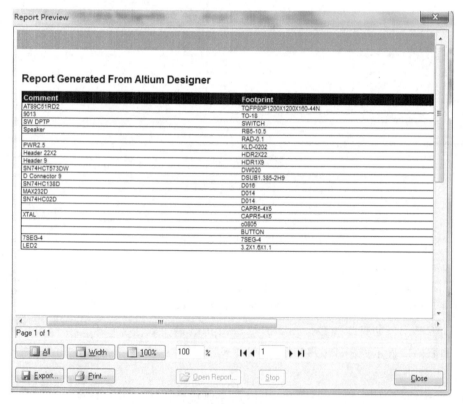

图 4 - 173　元件清单

（4）Export 按钮：用于将元件清单以文件方式导出保存或者打印该元件清单。

（5）Excel Options 选项区：用于将元件清单中的内容导入 Excel 文件，以供其他的程序使用。

5　生成元件交叉参考表

元件交叉参考表主要列举了各个元件的编号、名称以及所在的电路图。

执行菜单命令 Reports|Component Cross Reference，系统将自动进入文本编辑器，并生成元件交叉参考表。单片机实验板工程电路板的元件交叉参考表如图 4-174 所示。

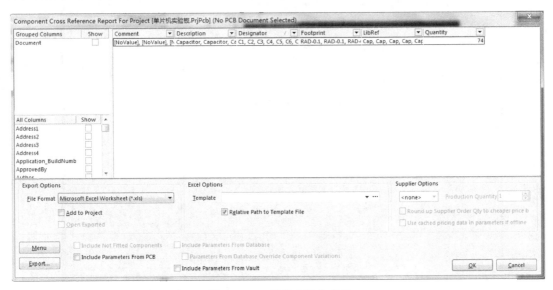

图 4-174　元件交叉参考表

6　生成 Gerber 文件

Gerber 文件（光绘文件）用于把 PCB 图形数据转换为光绘底片数据，是 PCB 行业通用的标准格式文件，几乎所有的 EDA 软件都可以生成 Gerber 文件，制板商可以用这种文件制造电路板。下面介绍 Gerber 文件的生成过程。

执行菜单命令 File|Fabrication Outputs|Gerber Files，弹出 Gerber Setup（Gerber 设置）对话框，如图 4-175 所示。

1）General 选项卡

General 选项卡用于指定生成的 Gerber 文件使用的单位（Units）和格式（Format）。单位可以是公制（Millimeters）和英制（Inches）。如果选择了 Millimeters，则在格式（Format）选项区域中有 4∶2、4∶3 和 4∶4 三个选项代表文件中数据的不同精度，4∶2 表示数据含 4 位整数 2 位小数，另外两个分别表示数据中含有 3 位和 4 位小数。设计者根据自己在设计中用到的单位精度进行选择。当然，精度越高，对 PCB 制造设备的要求也就越高。

2）Layers 选项卡

Layers 选项卡用于指定要生成 Gerber 文件的层。如图 4-176 所示，在左侧的 Layers To Plot（出图层）列表内选择要生成 Gerber 文件的层，如果要对某一层进行镜像，则勾选相应的 Mirror（镜像）复选框；在右侧的 Mechanical Layer(s) to Add to All Plots（添加到所有层的机械层）列表中选择要加载到各个 Gerber 层的机械层信息。如勾选左侧的 Mechanical

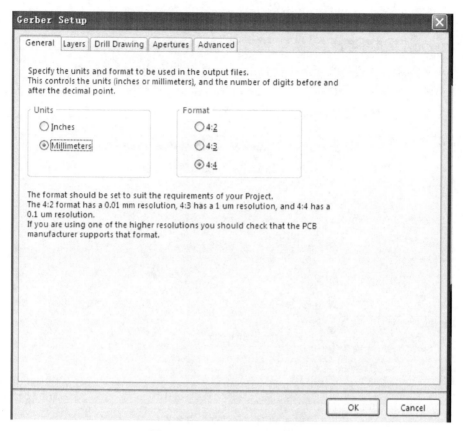

图 4 - 175　Gerber Setup 对话框

1,则在 Gerber 文件 GM 1 单层显示;勾选右侧的 Mechanical 1,则每层都会加入机械层信息,也就是边框层。勾选 Include unconnected mid-layer pads(包含未连接中间信号层上的焊盘)复选框时,则在 Gerber 文件中包含未连接的中间层焊盘。该项功能仅限于由包含了中间信号层的 PCB 文件输出 Gerber 文件时使能。

　　单击 Mirror Layers(镜像层)下拉菜单中的 All off(关闭所有选项)可以关闭所有镜像的层。默认是关闭的。

　　注意不要丢掉层。单击 Plot Layers(绘制层)的下拉菜单中的 Used On(所有使用的)选项可以把使用的层选中,也可以单击 Plot 列的方框选择要导出的层。

　　3) Drill Drawing 选项卡

　　Drill Drawing 选项卡用于选择钻孔统计图要绘制的层对,以及设置钻孔统计图标注符号的类型和尺寸。在 Drill Drawing Plots(钻孔图)选项区域,选中 Plot all used layer pairs(输出所有使用的层对)复选框表示钻孔统计图将绘制所有已使用的层对;如果不选中该复选框,则可以在下方的列表框中为钻孔统计图逐个选择要绘制的层对。在 Drill Guide Plots(钻孔向导图)选项区域,Plot all used layer pairs 复选框及下方列表框用于选择钻孔导向图要绘制的层对。如果需要镜像绘制钻孔图,则需要选中 Nirror plot(镜像输出)复选框。本任务中将四个复选框都不选中,如图 4 - 177 所示。

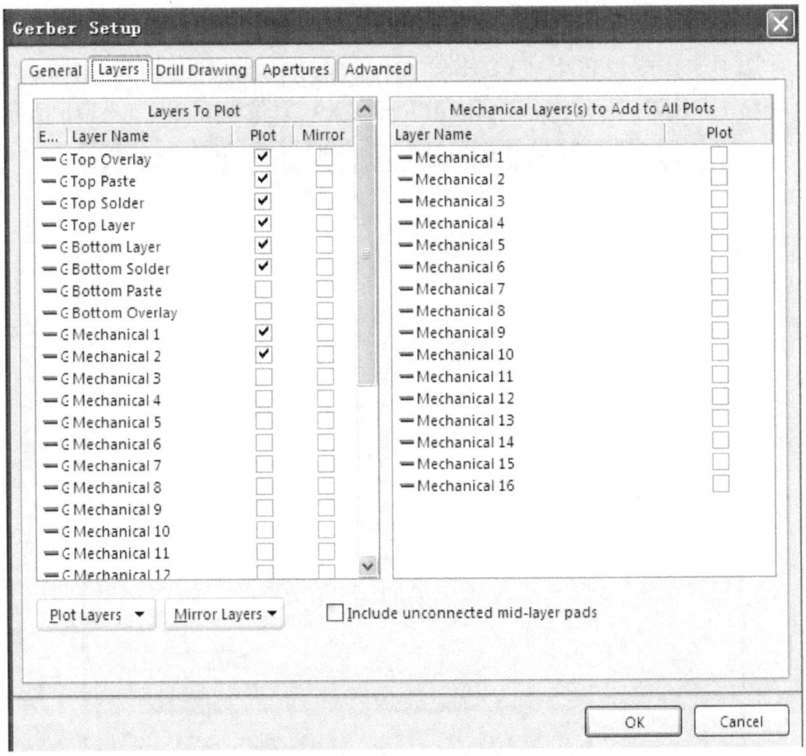

图 4-176　Layers 选项卡设置

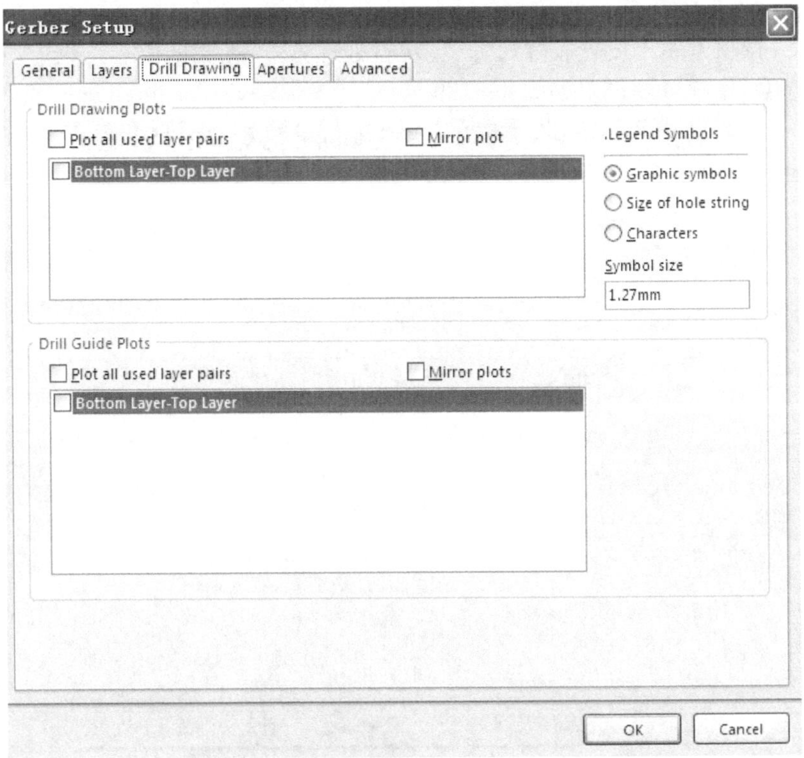

图 4-177　Drill Drawing 选项卡设置

4）Apertures 选项卡

Apertures 选项卡用于设置生成 Gerber 文件时与建立光圈相关的参数，本任务中选中 Embedded apertures(RS274X)［嵌入的孔径（RS274X）］复选框，如图 4-178 所示。

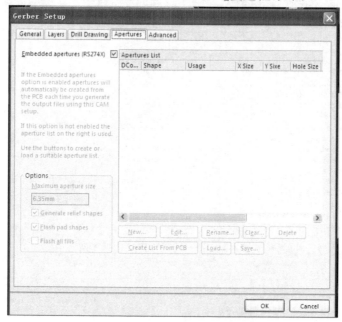

图 4-178　Apertures 选项卡设置

5）Advanced 选项卡

Advanced 选项卡用于设置胶片尺寸、零字符处理方式、光圈匹配容许误差、板层在胶片上的位置等参数，本任务的设置如图 4-179 所示。

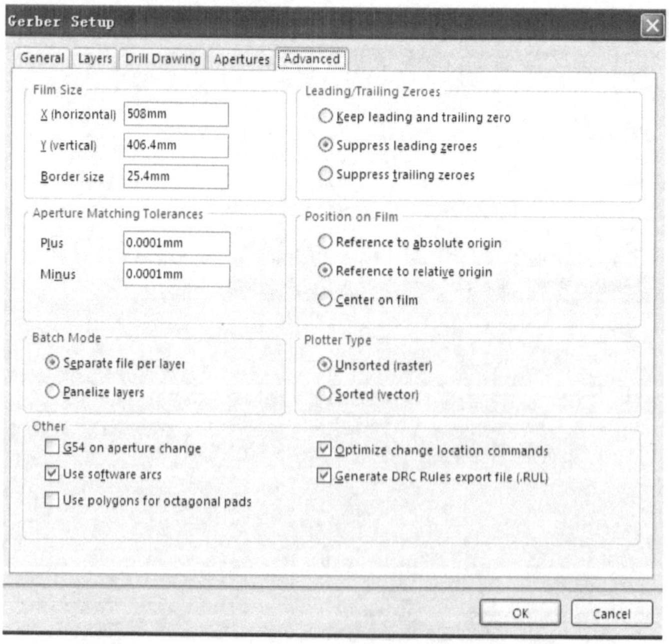

图 4-179　Advanced 选项卡设置

设置完成后,单击 OK 按钮,系统将按照设置输出各个工作层的 Gerber 文件,并自动生成一个 CAMtastic1. cam 文件,将该文件重命名为 Gerber. cam,如图 4‑180 所示。

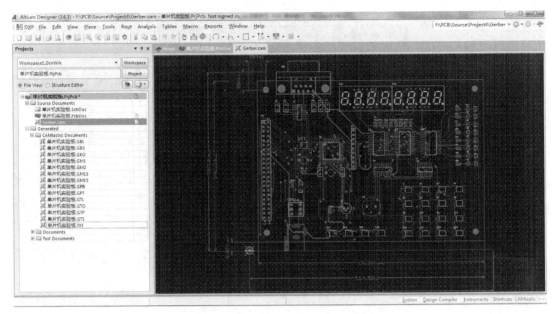

图 4‑180　Gerber 文件 Gerber. cam

同时,系统会自动将所有的 Gerber 文件保存到对应 PCB 文件所在路径下的"Project Outputs for 单片机实验板"文件夹中,如图 4‑181 所示。

图 4‑181　Project Outputs for 单片机实验板 文件夹

7　生成 NC 钻孔文件

NC 钻孔文件包含了电路板中每一个钻孔的尺寸、坐标和所用钻孔刀具等信息,它可以驱动数控钻孔设备完成电路板的钻孔工作。

在 PCB 编辑环境中,执行菜单命令 File|Fabrication Outputs|NC Drill Files,进入 NC Drill Setup(NC 钻孔设置)对话框,Units 选择 Milimeters,Format 选择 4∶4(尺寸精度比较高,当然,也要和加工厂协商确定精度),其他设置采用默认值或者根据和加工厂商定的结果选择。单击 OK 按钮,进入 Import Drill Data(导入钻孔数据)对话框,这里的设置和 Gerber Setup 对话中 Advanced 选项卡里面的设置要保持一致,其他默认设置不变。单击 OK 按钮,系统将自动生成 NC 钻孔文件 CAMtastic2. cam,将文件重命名为 NC. cam,如图 4

-182 所示。

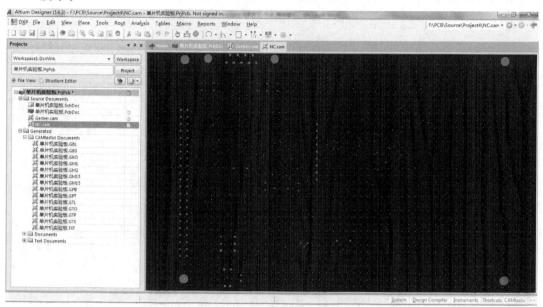

图 4-182　NC 钻孔文件 NC. cam

同时,系统会自动将所有的 NC 钻孔文件保存到对应的 PCB 文件所在路径下的"Project Outputs for 单片机实验板"文件夹中,如图 4-183 所示,增加了 3 个文件。

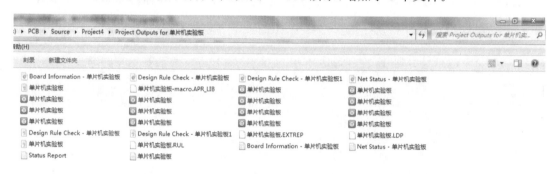

图 4-183　"Project Outputs for 单片机实验板"文件夹

8　Output Job 文件

使用 Output Job 文件是在 Altium Designer 中管理多种输出文件的最好方法。Output Job 文件简单来说就是一个预先配置的输出项集合。每个输出项都有各自的设置选项和输出格式,例如输出到一个文件或者到打印机。每个 Output Job 文件中可以包含任意个输出项,每个 Altium Designer 工程中可以包含任意个 Output Job 文件。但最好使用一个 Output Job 文件来配置一个工程中所有特定的输出,诸如所有用于制造裸板的输出项可以放在一个 Output Job 中,所有用于装配的输出项目可以放在另一个 Output Job 文件中。

Output Job 支持验证类型检查,例如 ERC 和 DRC。这在输出文件之前进行最终检查时非常有用。同时,这些报告可以作为发布设计前的记录。

Output Job 文件可以在不同设计之间重复利用,只需将 Output Job 文件从一个工程中复制到另一个工程,重新设置所有的数据源即可。

Output Job 文件根据输出功能进行分类。每个类别中均有大量预定义的输出生成器,它们负责生成实际的输出文件。浏览器支持生成下列基于打印和报告的输出类型。

① 装配输出:装配图。

② 文档输出:复合图纸、OpenBus 打印、PCB 3D 打印、PCB 打印、原理图打印。

③ 制造输出:复合钻孔图、钻孔图/指南、最终布线图打印、电源-平面层打印、阻焊/助焊层打印。

④ 报告输出:元件清单(BOM)、元件交叉参考报表、设计规则检查、电气规则检查、工程层次报表、单个管脚网络报表、简单元件清单。

只能使用那些输出生成器生成文件中已经定义好的输出文件,不能创建新的 Output Job 文件,也不能在打开的文件中增加更多的输出生成器。

1) 新建 Output Job 文件

执行菜单命令 File|New|Output Job File,新建一个 Output Job 文件 Job1.OutJob,如图 4-184 和图 4-185 所示。执行菜单命令 File|Save,将该文件保持到单片机实验板工程目录下。下面介绍 Output Job 文件编辑器中的各项配置。

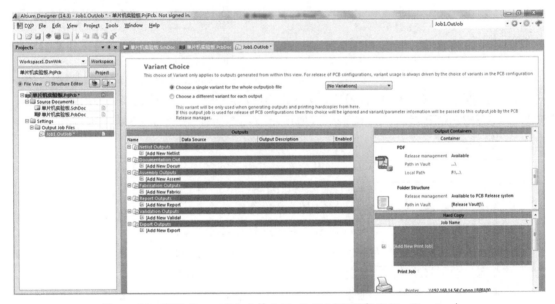

图 4-184　新建 Output Job 文件 Job1.OutJob(PDF 和 Folder Structure)

(1) Outputs(输出):输出生成器。下列信息会显示在编辑器的主工作配置窗口。

① Name(名称):显示输出生成器的名称。此字段用来区分同一类型的多个输出生成器,它们的配置通常会有一些不同。

② Data Source(数据源):用来定义需要生成输出文件的确切数据源。例如装配和生产加工输出生成器从 PCB 文档中生成输出文件,这个字段将使用该工程文件夹下的第一个 PCB 文档。如果有多个有效的 PCB 文档,将会在字段的下拉菜单中列出来(首先单击该字

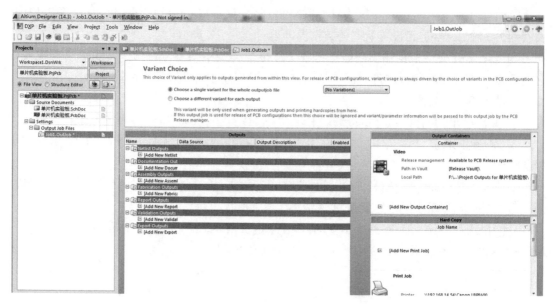

图 4-185 新建 Output Job 文件 Job1. OutJob(Video)

段,然后单击访问下拉菜单)。当生成基于报告的输出文件时,输出生成器支持输出基于工程本身的文件,也支持输出基于独立源的文件。同样,Data Source 字段允许你控制使用哪个数据源。

③ Output Description(输出描述):显示输出生成器的类型。

④ Enable(启用):当选择相关输出媒体生成输出文件时,这个字段用来控制某特定的输出生成器是包括在内(选项启用)还是不包括在内(选项禁用)。一旦对某特定输出媒介启用该选项,一条绿色的线条将把此输出生成器连接到相关的媒介。同一个输出生成器可以连接到多个输出媒介。

根据指定的输出类型,一些选项可以用来配置相关的输出生成器,给输出文件提供更多的控制。可以通过下列方法访问这些有效的配置选项。

- 选择所需的输出生成器并从编辑菜单中选择配置命令。
- 右击所需的输出生成器并从弹出菜单中选择配置命令。
- 选择所需的输出生成器并使用快捷键 Alt+Enter,从弹出菜单中选择配置命令。
- 直接双击所需的输出生成器,从弹出菜单中选择配置命令。
- 如果选择了多个输出生成器,与主要输出生成器相关的配置对话框将弹出来。主要输出生成器的 Name 字段周围有一个点缀的边界。

(2) Output Containers(输出容器):支持的输出媒介。

根据输出生成器,相关的输出文件可以输出成多种格式。支持的输出媒介如下。

① PDF:可以将整理生成的输出文件存放到单一的 PDF 文档中(也可以让每个输出生成器生成独立的 PDF 文档)。

② Folder Structure:可以将整理生成的输出文件存放到文件夹中。

③ Video:可以将整理生成的输出文件以视频方式输出。

Output Job 文件所定义的输出媒介可以在 Output Media 面板的列表中找到,如图 4-186 中方框标示的就是分配给输出生成器的输出媒介。发布生成的输出文件时,只有加载的 Output Job 文件中已经存在的输出媒介可以使用,不能增加新的输出媒介,也不能给已存在的输出媒介设置相关的选项。

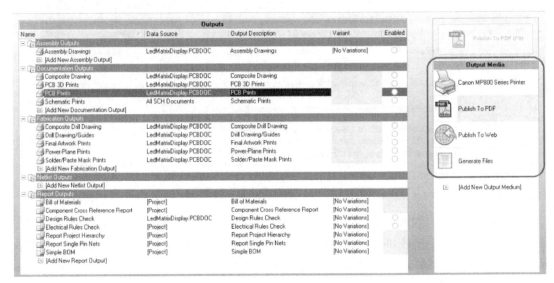

图 4-186 输出生成器的输出媒介

2) 添加输出项到 Output Job 文件

在每个输出类别下方单击 Add New [Type] Output 选项,从下拉菜单中选择合适的输出类型。如图 4-187 所示,对于工程中的源数据可以生成的输出类型,对应的命令是可执行的;而无法生成的输出类型,对应的命令则显示为灰色,不可以执行。如图 4-188 所示,添加单片机实验板工程的相关输出项。

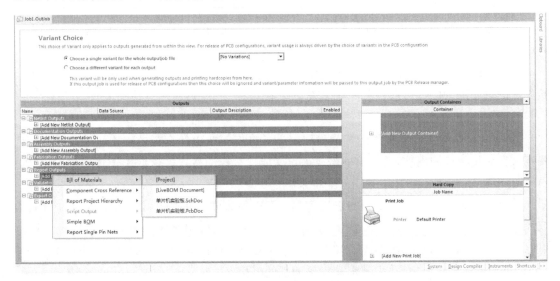

图 4-187 添加需要的输出项

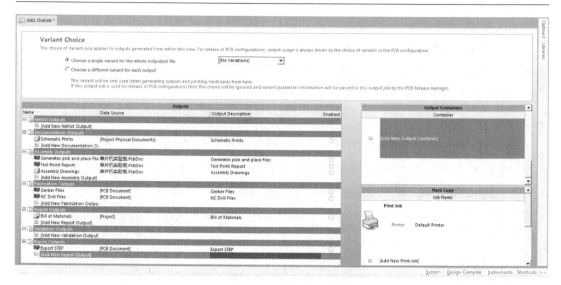

图 4 - 188   单片机实验板输出项

添加输出文件后,数据源可以在任何阶段改变。只要单击当前数据源,从下拉列表中选择其他数据源即可。某些输出的数据源列表中会包含选项[Project Physical Documents],如果物理设计(真实电路板)的标注与逻辑设计(初始原理图)的标注不同时,可以使用这个选项。

3) 配置输出媒介

使用浏览器输出时不能创建新的输出媒介,但是可以为那些已经存在的输出媒介配置相关的选项。

(1) 双击需要输出的文件所在的行。

(2) 右击输出文件,从弹出菜单中选择 Configure 命令。

(3) 选择需要的输出项,并按快捷键 ALT+Enter。

(4) 选择需要的输出项并执行菜单命令 Edit|Configure。

(5) 如果选择了多个输出项,则会打开最后选择的输出项(当前活动的输出项)的配置对话框。

在 Output Job 编辑器中为输出项配置的信息存储在 Output Job 文件中,而直接从源文档生成的输出项的配置信息被存储在工程文件中。

4) 定义输出格式

为 Output Job 文件添加和配置输出项定义了将如何产生什么样的输出项。此外,还需要定义在哪里生成输出项,即输出项需要被定义成什么样的格式。这取决于输出项的类型,由 Output Containers 和 Hard Copy 配置来决定。

输出文件可以写入三种类型的输出容器:PDF、特定格式的输出文件(如 Gerber 文件)或 Video。一个新的 Output Job 默认包括以下容器:PDF、Folder Structure 和 Video。用户可以添加任意数量的容器类型。单击 Output Containers 面板中的[Add New Output Container]选项进行添加,并为其定义容易识别的名称。

单击 Change 链接访问相关容器类型的设置对话框,如图 4 - 189 所示。设置对话框打开时处于 Basic 模式,用于配置输出位置,即在哪里创建容器。要进一步访问高级选项,可单击对话框底部的 Advanced 按钮,如图 4－190 所示。

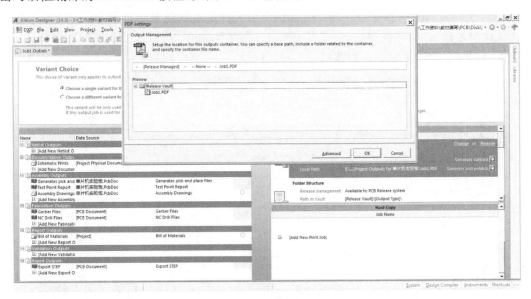

图 4－189　输出容器的设置对话框

图 4－190　Advanced 模式下的更多设置选项

文件的输出位置在 Output Management 选项区域指定,各参数具体含义如下所述。

(1) 根路径:用于定义输出容器的根路径。如图 4 - 191 所示,默认情况下的设置为 [Release Managed]。要在 PCB Release 视图中的文件生成区域显示输出,相关的输出容器必须设置根路径为[Release Managed]。[Manually Managed]可以定义本地的输出路径,按需要指定相对于设计工程的相对路径。

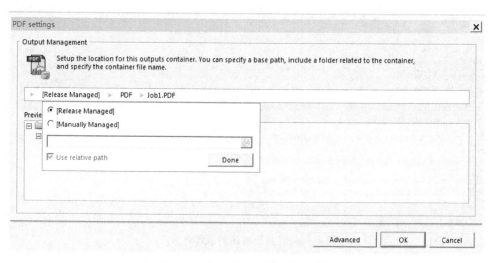

图 4 - 191　为输出位置定义根路径

(2) 容器类型文件夹:用于定义需要生成的基于容器类型的子文件夹,如图 4 - 192 所示。是否使用这个子文件夹是可选的。它可以由系统命名(使用容器名称或类型),也可由设计者自定义。

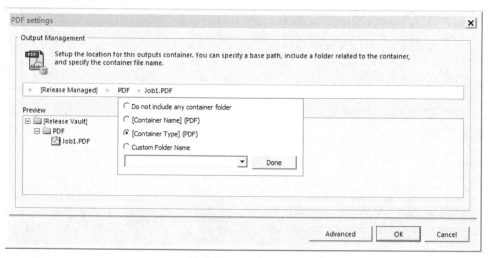

图 4 - 192　为输出位置定义容器子文件夹

(3) 输出文件夹/输出文件名称:该功能如何使用取决于指定输出位置的输出容器类型。对于 PDF 或 Video 容器类型,只需要文件名称。默认情况下,生成到容器的多个输出项会集中在单个文件中,但设计者可以设置为每个输出生成一个单独的文件,如图 4-193 所示。如果为每个输出项生成一个单独的文件,则将每个文件放置于其子文件夹的附加选项将变得可用。如果启用了该选项,文件夹可以基于输出项名称或类型自动命名,或自定义一个特定的前缀。

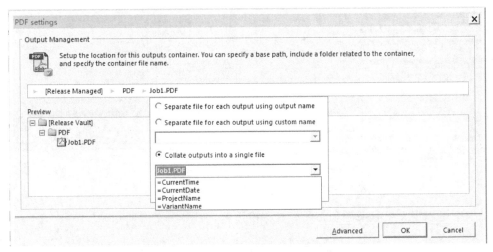

图 4-193　定义文件名和可选子文件夹

对于 Folder Structure 和 Video 容器类型,可为每个生成的输出类型指定一个文件夹。这个文件夹可以基于输出项名称或类型自动命名,或自定义一个特定的前缀。

5) Hard Copy(硬拷贝)

Hard Copy 容器是用于定义特定输出的输出容器,包括原理图打印、PCB 图打印、装配图打印和 BOM 表打印,可以直接发送到打印设备进行打印。要定义如何处理这些硬拷贝文件,需要添加和配置 Print Job。

一个新的 Output Job 文件默认会包含一个 Print Job,名为 Print Job,如图 4-194 所示。默认打印机为运行 Altium Designer 的计算机所连接的打印机。可以添加任意数量的 Print Job,单击[Add New Print Job]选项进行添加,并为其定义一个容易识别的名称。

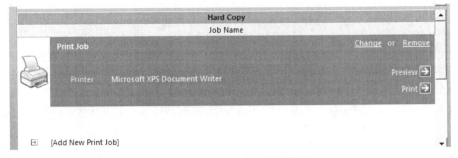

图 4-194　Print Job 设置界面

单击一个 Print Job 可以访问附加的控件,包括配置 Print Job。要实现该功能,可单击 Change 链接来访问打印机配置对话框,如图 4-195 所示。

在打印机配置对话框中单击 Properties 按钮,访问目标打印机的标准属性对话框。在

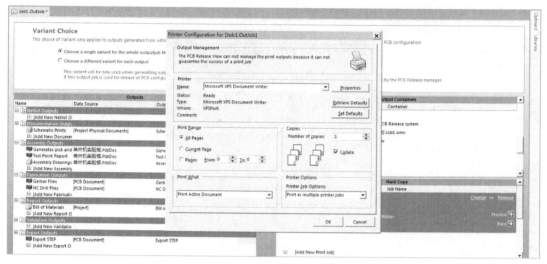

图 4 - 195 在打印机设置对话框配置 Print Job

该对话框中可以定义纸张来源和布局等打印机设置,如图 4 - 196 所示。

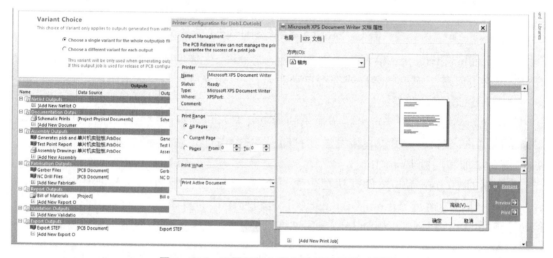

图 4 - 196 设置目标打印机的标准属性对话框

6) 链接输出项到输出容器和 Print Job

在 Output Job 编辑器左侧添加并配置输出项,在右侧定义好输出容器和 Print Job,然后这两部分需要建立映射,即指定输出项使用哪种输出容器或 Print Job 来生成。每个输出项都包含一个 Enabled 设置区域,用于控制在输出容器或 Print Job 中是否包含该输出项。Enabled 设置区域只在输出容器或打印设备支持相应的输出项时才出现。输出项一旦启用,会有绿色的线连接输出项到输出容器或 Print Job。如图 4 - 197 所示,有三个输出项被启用了,使用名为 PDF 的输出容器来生成输出。输出项启用时会连续编号,用于定义输出项产生的顺序。如果生成了一个包含多个输出项的 PDF 文件,这个编号定义了输出项在 PDF 文件中的顺序。如果从输出容器或 Print Job 中移除了一个输出项,剩下的输出项会重新排序。要改变启用的输出项顺序,可以双击输出项 Enabled 设置区域的编号,并使用相应的控件修改编号,也可以按顺序重新选择输出项。

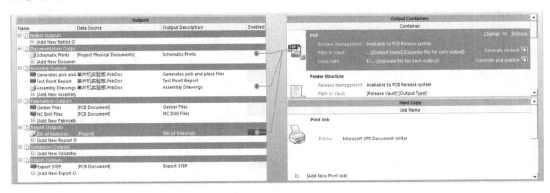

图 4-197　链接输出项到输出容器

同一个输出项可以包含在多个输出媒介中,如图 4-198 和图 4-199 所示,相同的文件可以输出为 PDF 文件,也可以发送到打印机直接打印。

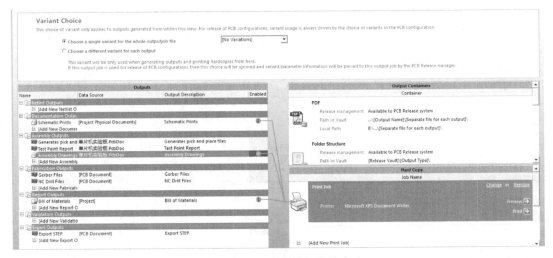

图 4-198　文件的打印输出

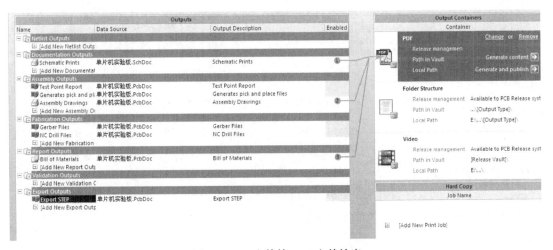

图 4-199　文件的 PDF 文件输出

7）生成输出文件

选中一个输出容器时会出现 Generate content（生成内容）控件，如果至少有一个输出项被分配到了该输出容器，那么这些控件将被启用。单击这些控件会在容器中按顺序生成已经启用的输出项，如图 4-200 所示，生成了三个 PDF 文档。选中容器后，可以用以下方法来生成相关内容：

（1）按 F9 键。

（2）单击右键并从弹出菜单中选择 Generate 命令（对于 Folder Structure 类型的容器，选择 Run 命令）。

（3）使用菜单命令 Tools | Generate（PDF 和 Video 容器类型），或菜单命令 Tools | Run（Folder Structure 容器类型）。

选中一个输出容器时，还会出现 Generate and publish（生成和发布）控件，该控件可以生成分配到选定输出容器的输出文件，并将这些输出文件发表到指定的目标空间 Publishing Destination。Publishing Destination 提供了发表数据到存储空间的能力，例如 Box. net、Amazon S3、FTP 服务器，或共享的网络文件夹位置。在发布和校验时，它具有无与伦比的优势，因为整个产品团队的成员可能分布在世界各地，而所有的团队成员都可以对共享数据进行访问和讨论。

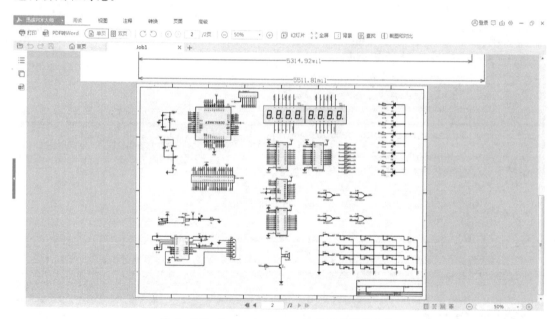

图 4-200　Generate content 控件生成输出文件

要发布输出文件，先单击 Generate and publish 控件，执行 Manage Publishing 命令，此时会弹出 Preferences 对话框，如图 4-201 所示。在这里定义新的目标空间，或者连接到已经存在的目标文件夹。

选中一个 Print Job 会出现 Preview 和 Print 控件，如图 4-202 所示。如果为这个 Print Job 分配了输出文件，那么这些控件会被启用。

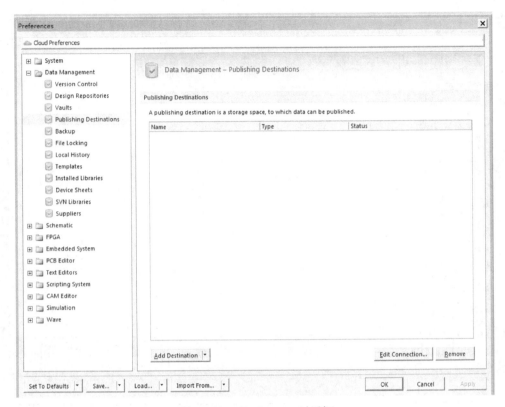

图 4 - 201　Preferences 对话框

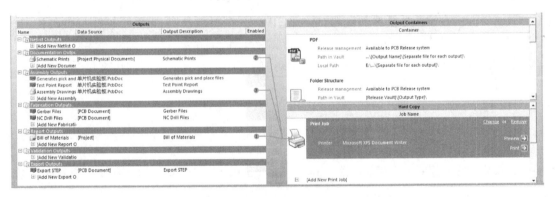

图 4 - 202　Print Job 的 Preview 和 Print 控件

使用 Preview 控件加载 Print Job 的输出文件到 Print Previewer(打印预览器),如图 4 - 203 所示。选中 Print Job 后,可以用以下方法来访问 Print Previewer:

(1) 单击右键并从弹出菜单中选择 Print Preview 命令。

(2) 执行菜单命令 Tools|Print Preview。

(3) 对于选中的输出文件,单击 Page Setup(页面设置)对话框中的 Preview 按钮,可以看到 Print Previewer 只会加载该输出文件的页面,而非 Print Job 中所有输出文件的页面。

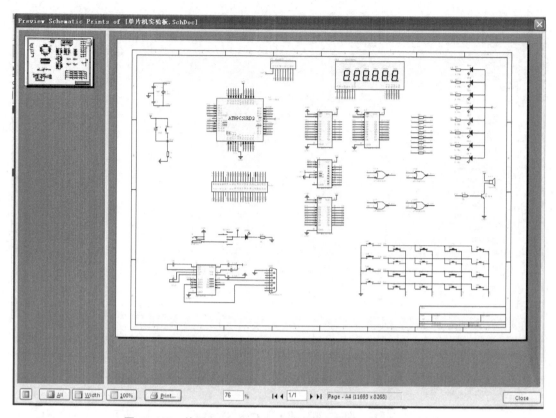

图 4 - 203　使用 Print Previewer 来预览将要打印的输出文件

预览界面的右键菜单及界面底部有控件,用于处理视图、访问打印机设置对话框、打印、复制到剪贴板,或导出活动页为 Windows 图元文件(MetaFile)。

单击 Print 控件将输出文件直接发送到指定的打印设备。分配的输出文件也可以用以下方法打印:

(1) 按 F9 键。

(2) 单击右键并从弹出菜单中选择 Print 命令。

(3) 执行菜单命令 Tools|Print。

(4) 对于选中的输出文件,单击 Page Setup 对话框中的 Print 按钮。这样只会打印当前的输出文件,而不是为 Print Job 分配的所有输出文件。

(5) 在 Print Previewer 中单击 Print 按钮。

使用 Print 控件及上述的前三种方法可以直接打印,后两种方法则通过打印机设置对话框间接打印。

项目实训

在项目 2 中项目实训部分的电路原理图的基础上设计两个电路原理图的 PCB。设计要求如下:

1. 双面板,电路板尺寸为 5 500 mil×3 300 mil,禁止布线区与板子边沿的距离为

20 mil;参考坐标原点为板子的左下角。

2. 采用插针式元件。

3. 电源与接地网络走线宽度最小 25 mil,最大 50 mil,优选 30 mil。

4. 其他网络走线宽度最小 10 mil,最大 15 mil,优选 12 mil。

5. 过孔内径最小 20 mil,最大 28 mil,优选 24 mil;外径最小 40 mil,最大 50 mil,优选 44 mil。

6. 放置一个钻孔表,要求全板只选择一种过孔尺寸。

7. 电源、接地网络与其他走线之间的安全间距是 10 mil,其他走线之间的安全间距是 15 mil,电源与接地网之间的安全间距是 10 mil。

8. 走线尽量布在顶层,在电路板的底层进行覆铜,通过板框生成覆铜区域,覆铜网络为 GND。

9. 对整板进行设计规则检查,直到无错为止。

10. 在 PCB 工程中建立一个 Output Job 文件,并输出符合下列要求的文件:

(1) 输出电路原理图与打印 PCB 的 PDF 文档。

(2) 输出 PCB 的 Gerbera 数据,包含所有使用的层,单位为 Inch,精度为 2:4。

(3) 输出 PCB 的钻孔文件数据,单位为 Inch,精度为 2:4。

(4) 输出 PCB 的 STEP 文件。

参考文献

[1] 彭远芳，张静，黄晓峰. Altium Designer 14 电子线路板设计项目教程[M]. 北京：清华大学出版社，2017.

[2] 刘新海，谢飞. 电子线路板设计与制作[M]. 北京：高等教育出版社，2021.

[3] 陈桂兰，诸葛坚. Altium Designer 19 电子线路板设计与制作[M]. 西安：西安电子科技大学出版社，2021.

[4] 刘松，及力. Altium Designer 14 原理图与 PCB 设计教程[M]. 北京：电子工业出版社，2018.

[5] 徐敏. Altium Designer 16 印制电路板设计：项目化教程[M]. 2 版. 北京：化学工业出版社，2022.

[6] 高明远，曹红英. Altium Designer 电路设计与应用[M]. 3 版. 北京：科学出版社，2022.

[7] 陈学平，童世华. Altium Designer 电路设计与制作[M]. 3 版. 北京：中国铁道出版社，2022.